本著作受江苏大学专著出版基金
资助出版

# 城市有毒污染土壤快速修复技术

解清杰　王慧娟　殷伟庆　等著

# Rapid Remediation Technology of Urban Toxic Contaminated Soil

·北京·

## 内容简介

高速城市化进程以及城市产业结构调整带来的土壤污染问题日益严峻，寻求高效、安全的城市污染土壤快速修复技术意义重大。《城市有毒污染土壤快速修复技术》介绍了两种针对有机污染土壤的快速修复技术，分别为电磁助快速修复技术和低温等离子体修复技术，归纳和总结了针对有机污染土壤修复的电磁助快速富集修复系统和脉冲放电等离子体修复体系操作参数和应用效果。本书主要以六氯苯、多溴联苯醚、三氯生、芘、硝基酚等有毒有机物为目标物，系统研究两种修复体系中各操作参数对有机污染土壤修复效果的影响，优化操作条件，确立运行参数；介绍了有机污染土壤电磁助快速修复示范工程项目建设与运行的相关内容。书中所涉及的内容可以为城市化进程开发中土壤的快速修复过程提供技术指导和理论依据。

《城市有毒污染土壤快速修复技术》可供从事土壤污染治理的科研人员阅读。

**图书在版编目（CIP）数据**

城市有毒污染土壤快速修复技术/解清杰等著．—北京：化学工业出版社，2021.12

ISBN 978-7-122-40300-1

Ⅰ．①城…　Ⅱ．①解…　Ⅲ．①城市-污染土壤-修复-研究　Ⅳ．①X53

中国版本图书馆CIP数据核字（2021）第233525号

责任编辑：满悦芝　　　文字编辑：王　琪
责任校对：杜杏然　　　装帧设计：张　辉

出版发行：化学工业出版社（北京市东城区青年湖南街13号　邮政编码100011）
印　　刷：北京京华铭诚工贸有限公司
装　　订：三河市振勇印装有限公司
710mm×1000mm　1/16　印张 11¼　字数195千字　2022年2月北京第1版第1次印刷

购书咨询：010-64518888　　　售后服务：010-64518899
网　　址：http://www.cip.com.cn
凡购买本书，如有缺损质量问题，本社销售中心负责调换。

**定　　价：68.00元**

# 前言

在各类环境要素中，土壤是污染物的最终受体。大量水、气污染最终都会转化为土壤污染，土壤中的污染物又会在风力和水力的作用下进入大气和水环境，恶化人类生存环境，影响经济、社会可持续发展的基础。近年来，随着我国高速城市化进程和城市产业结构的调整，土壤开发强度越来越大，土壤污染问题也越来越严重，由于许多工业用地土壤污染来源广、类型多、控制难，导致企业搬迁所遗留的土壤污染问题越发突出。因此，寻求高效、安全的城市污染土壤快速修复技术，最大限度地恢复土壤的安全使用刻不容缓。

本书介绍了两种针对有机污染土壤的快速修复技术：电磁助快速修复技术和低温等离子体修复技术。分别建立了有机污染土壤的电磁助快速富集修复系统和脉冲放电等离子体修复体系，以六氯苯、多溴联苯醚、芘、硝基酚等有毒有机物为目标物，系统研究了两种修复体系中各操作参数对有机污染土壤修复效果的影响，优化操作条件，确立运行参数，介绍了有机污染土壤电磁助快速修复示范工程项目建设与运行的相关内容。本书所涉及的内容为城市化进程开发中土壤的快速修复过程提供了技术指导和理论依据。

本书是作者近几年针对有机污染土壤快速修复技术研究过程中所获得的第一手资料的汇总和集合，具体的研究内容和成果由以下项目基金资助完成，包括国家自然科学基金（2182076070）、江苏省科技支撑计划（BE2011745）、中国博士后基金（2011M500871）以及江苏省环境监测科研基金。此外，江苏大学专著出版基金和江苏大学环境与工程学院资助了本书的出版，在此表示衷心的感谢！

江苏大学范翠萍、姚一凡、叶丹、马新华、赵文信、戈照轶、耿聪等同学直接参与了本书所涉及的相关试验研究工作，包括在系统建立、样品采集、试验分析、数据整理等方面付出的大量努力工作，在此表示衷心的感谢！

本书相关课题完成及本书写作过程中，得到了吴春笃、储金宇、周晓红等同志的大力支持与帮助；此外，在课题研究及其成果推广过程中，还得到了镇江市环境监测中心、镇江市水利投资公司、镇江市住房和城乡建设局等单位的大力支持，在此表示衷心的感谢！

由于作者水平有限，书中难免有疏漏和不妥之处，恳请各位专家及读者不吝赐教。

**著者**

**2021 年 11 月**

# 目录

# 第1章 城市土地开发与土壤污染现状

## 1.1 城市土地开发现状

随着社会的发展和进步，城市化是未来社会发展的必经之路，而土地的合理开发和利用是推进城市化进程的重要组成。在十九大报告“建设美丽中国、大力推进生态文明建设”的号召下，如何科学、合理地处理城市土地问题已成为规划城市、经营城市和发展城市的一个重要途径。

十九大报告特别提出要抓紧“构建国土空间开发保护制度”。当前，中国经济正在迈向高质量发展阶段，加强国土空间治理、优化土地开发利用方式成为新时期的重要任务。城市土地开发是指把旧城区经过规划设计、征地拆迁等前期工作与市政公用设施建设和生活服务设施建设，变成能直接为城市建设所利用的建设用地的活动。因此，城市土地开发，就其内容而言，是城市基础设施的建设过程，其产出是具备相当条件的、可直接供建设使用的建设用地，更狭义地说是城市建设的基础设施。当前我国城市国土空间开发治理日益呈现出一些新的发展趋势：一是规划重点从侧重土地用途管制转向统筹利用国土空间资源；二是国土开发模式从点轴带动转向集聚开发；三是国土治理从分类型解决问题转向分区域综合整治。城市土地有多种用途，但当土地一经投入某种用途之后，欲改变其利用方向，一般是比较困难的。同时，在一定的限度内土地收益不断提高，当土地开发超过某一限度时，土地收益有递减的趋势；而且城市土地互相连接在一起，不能移动和自然分割。因此，每块土地的利用，都会对相邻地块的自然生态环境和经济效益产生影响；并且城市土地的位置影响其价值，从而产生级差地租，城市土地的位置是决定土地租金和价格的重要因素。

## 1.2 城市土壤污染现状

在各类环境要素中，土壤是污染物的最终受体。大量水、气污染陆续转化为土壤污染，土壤中的污染物也会在风力和水力作用下分别进入大气和水体，恶化人类的生存环境，损害经济社会可持续发展的基础。近年来，随着我国高速城市化进程和城市产业结构的调整，土壤开发强度越来越大，向土壤排放的污染物也越来越多，由于许多工业用地土壤污染来源广、类型多、控制难，企业搬迁所遗留的土壤污染问题越发突出。原环保部发布的《中国土壤环境保护政策》显示，在重污染企业或工业密集区、工矿开采区及周边地区、城市和城郊地区已经出现了土壤重污染区和高风险区。

城市污染土壤是指那些被利用后由于各种原因受到污染而对人体和环境产生潜在危害的城市土地。其产生原因大多是由于工业布局及城市规划的不合理性以及发展中存在的盲目性，导致许多高污染行业分布在城市中，造成城市土地资源和水资源的严重破坏。另外，近年来，由于人口急剧增长、工业迅猛发展，固体废物不断向土壤表面堆放和倾倒，有害废水不断向土壤中渗透，大气中的有害气体及飘尘也不断随雨水降落在土壤中，强化了土壤污染。

随着中国城市化战略的推行，污染土壤的修复问题日渐凸显，即在城市化向郊区推进的过程中，针对污染企业原址开发的污染土壤治理问题越来越引起公众和开发商的关注。如何处理好“毒地”的开发和再利用，如何面对开发中的修复技术、法律、公众、未来可能出现的环境责任等一系列问题成为开发商面临的一大挑战，也是影响城市化进程推进的一大障碍。

目前，对于包含城市受污染土壤或污染地块的区域，个别城市决策者主要从使用目的、区位特性等角度考虑城市用地的功能转换，有时未能从土壤是否受污染及污染程度等土地本身的实际情况考虑，且有些人认为污染的土地可以通过直接置换土壤修复。然而，由于不能确定一些重金属、有机化学药品等有毒污染的污染量和污染时间，很难鉴定土壤的污染界限；且置换出的土壤很容易引发二次污染。此外，由于开发污染地块、修复受污染土壤需要投入大量资本，如果将污染地块治理全部转嫁给开发商，开发商出于成本考虑，治理效果很难保证。相关文献资料显示，针对城市土壤污染修复研究比较多的是参考国外的法律法规体系，建议进一步完善我国现有的立法、政策和资金机制；此外就是针对各类污染物的土壤修复技术；鲜有从城市规划角度研究城市污染土壤的修复。

在城市“退（迁）二进三”和“优二进三”计划的推进过程中，随着工业结构和城市用地结构的调整，占据市区优越位置的一些工业企业，纷纷通过易地、搬迁改造，退出繁华地段，进入城市边缘；或者退出第二产业，兴办第三产业，这一计划使得毒地亦随之被暴露于城市的阳光之下。据不完全统计，自 2001 年以来，中国的大中型城市每年有 15000 多家企业搬迁、停产，转移的企业不计其数。这些污染企业多年甚至超过半个世纪的生产活动，有的已经污染厂区的土壤。由于其地理位置往往优越便利，几乎所有的地块都被开发。有些毒地未经治理，就被“正常使用”。即使经过处理的个别毒地污染物浓度依然很高，有的污染物深达地下十几米，或者迁移至地下水并扩散，导致更大规模的污染。

总之，土壤污染具有如下特点：①隐蔽性和滞后性。大气、水和废弃物的污染问题一般都比较直观，而土壤污染往往要通过对土壤样品进行分析化验和地面作物的残留检测，甚至通过研究对人畜健康状况的影响才能确定。因此，土壤污染从产生污染到出现问题，通常会滞后很长时间，很容易被人们忽视。②累积性和地域性。污染物质在大气和水体中比在土壤中更容易迁移。这使得污染物质在土壤中不像在大气和水体中那样容易扩散和稀释，因此容易在土壤中不断积累而超标，同时也使土壤污染具有很强的地域性。③不可逆性。如被某些重金属污染的土壤需要200～1000年才能够恢复，即使修复也很难恢复到原有状态。④土壤污染治理的艰难性。如果大气和水体受到污染，切断污染源之后通过稀释和自净化作用可能使污染问题不断逆转，但是积累在土壤中的难降解污染物则很难靠稀释和自净化作用来消除。土壤污染一旦发生，则很难恢复，治理成本较高、治理周期较长。

# 第2章
# 污染土壤修复技术国内外研究现状与发展趋势

## 2.1 污染土壤修复技术国内外发展概况

欧美发达国家在污染场地修复研究方面已经有几十年的历史。土壤修复技术按处理方式分为原位修复和异位修复两种，按技术原理分为物理修复、化学修复和生物修复三类：物理修复技术有客土、热修复、蒸汽汽提、电动力学、焚烧等；化学修复有化学氧化还原、化学洗脱等；生物修复有生物通风、生物反应器、植物修复等。固定化、热脱附、汽提、多相萃取、化学修复、生物修复等多种物理、化学、生物修复技术已经在实际污染场地的修复工程中成功应用。荷兰政府在20世纪80年代就投入15亿美元进行土壤修复技术的研究和应用试验，德国政府在1995年投资60多亿美元进行污染土壤修复，美国在20世纪80年代初投入数亿美元启动土壤和地下水的修复研究工作，近年美国政府又投入100多亿美元用于土壤和地下水修复技术的开发研究。

在污染场地修复工程实用技术方面，美国环保署统计的1982—2005年和2002—2005年两个时间段内场地修复工程的资料（图2-1和图2-2），反映了国外在污染场地修复方面的现状和发展趋势。由统计资料分析可见：①由于污染场地具有污染物浓度高和毒性大的特点，因而基于化学氧化还原、催化氧化和化学洗脱等原理的修复技术在实际应用中的比例由9%上升到20%，呈现明显的上升趋势；②由于原位修复省去了挖掘和运输过程，节省了人力劳动，降低了人员暴露风险，原位低影响开发的快速修复技术成为近年来污染场地修复工程中的主要发展趋势，场地修复工程中原位修复的比例由47%上升到60%；③固定化/稳定化、热解吸成为主要的场地修复技术，粗犷的焚烧技术从15%降到2%，呈明显下降趋势，修复技术中科学技术含量明显增加。

与国外相比，我国在污染场地修复技术研究、设备开发和工程实施方面起步较晚。近几年随着我国社会经济的发展和国际环境公约的推动，我国的污染场地

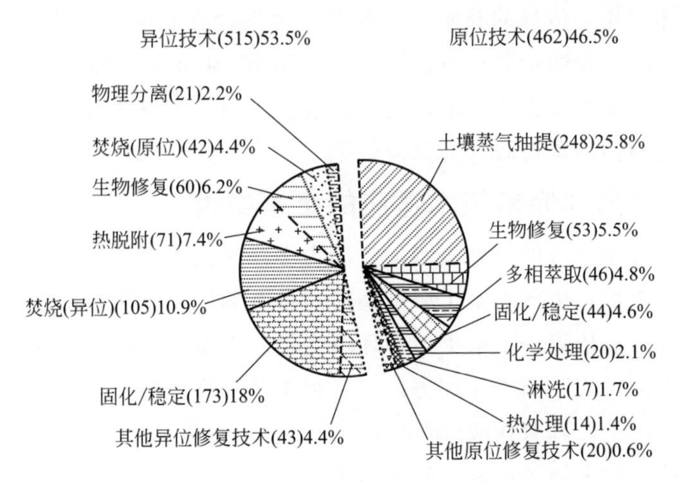


图 2-1　1982—2005 年间 977 个场地修复工程统计

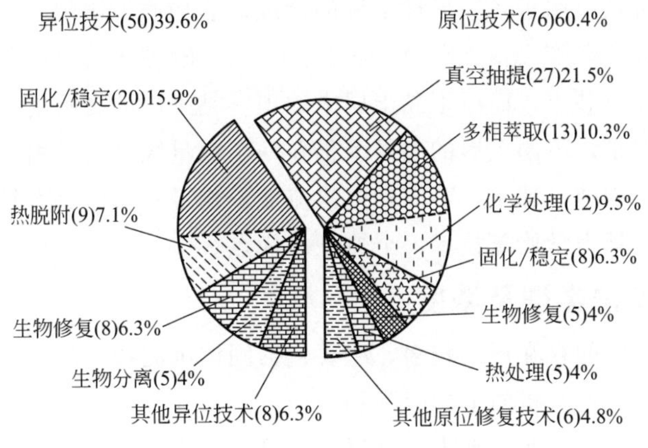


图 2-2　2002—2005 年间 126 个场地修复工程统计

修复技术的研究有了长足的发展，一批高校、研究单位的科研人员在污染土壤修复方面做了大量研究工作。但相对于国外污染场地修复技术的发展水平，我国在具有自主知识产权的修复技术和修复设备的研究开发和工程化应用方面，还有很大差距。

## 2.2 电动力学修复技术

电动力学修复是 20 世纪 80—90 年代提出的一种绿色可行的原/异位修复技术，在土壤和地下水污染处理方向均有大量的研究报道。电动力学法的基本原理是将电极插入污染土壤区域，施加低压直流电后形成电场，孔隙中的地下水或额外补充的流体可作为传导的介质，土壤中的污染物在直流电场作用下定向迁移，富集在电极区域，再通过其他方法（电镀、沉淀/共沉淀、抽出、离子交换树脂等）去除。在土壤修复方面，电动力学修复技术最受推崇之处是它对于水力渗透性差的黏性土壤污染具有较好的修复效果。

### 2.2.1 电动力学修复技术适应的土壤类型

实验室和现场小试的结果表明，电动力学修复技术可用于颗粒大小介于细砂和黏土之间的土壤，由此看来土壤类型对此技术的应用无明显影响。但是，污染物的迁移速率严重依赖于土壤类型和环境变量。土壤含水量高、饱水度高、土壤的低活性为电渗对流和离子迁移提供了有利条件。高活性土壤，如伊利石、蒙脱石、不纯的高岭土，具有强酸/碱缓冲能力，要求有过量的酸/强化剂来解吸和溶解吸附在土壤颗粒上的污染物。研究结果表明碳酸盐、赤铁矿的存在对治理有负面作用。

此技术可有效应用于各向异性土壤的治理。非均质土壤中，不同类型土壤的导水系数相差几个数量级，$1\times10^{-8}\sim1\times10^{-4}$（砂黏土）。如果采用抽出处理法，大多数水流过砂土，而留下黏土层未处理。黏土层的高吸附容量使污染问题进一步严重。但是，不同土壤的电导率仍在一个数量级之内。由于电渗流渗透系数对土壤类型不敏感，那么，不同种电渗流流量相近，从而具有较好的污染物去除效果。这是电动力学修复技术一个典型的优点。

### 2.2.2 污染物类型及浓度

土壤中污染物的存在形式较多，主要包括固体沉淀物、土壤孔隙水中的溶解物、土壤颗粒和土壤有机质上的吸附物等。

已有的实验数据表明电动力学修复技术可以去除重金属、放射物和部分有机物，还可以去除以小的气泡形式存在的自由相的非极性有机物。在电渗流和电泳迁移的作用下，吸附污染物的胶体也可以被去除。研究发现，电动力学修复能同时去除不同的有机物，其作用效果受污染物存在形式的影响，如果污染物不被土壤颗粒吸附或以沉淀的形式存在，污染物对电动力学修复技术的应用无明显制约作用。

孔隙溶液中离子浓度高，增加了电导率，但降低了电渗流的效率，为了减少能耗及热的产生又要求减小电场强度。总之，污染物浓度对该技术的应用不产生任何难以克服的阻碍。

### 2.2.3 污染土壤电动力学修复原理

污染土壤的电动力学修复是一门综合土壤化学、环境化学、电化学和分析化学等学科的交叉研究领域，它主要是通过在污染土壤两侧施加低压直流电压形成电场梯度，土壤中的污染物质在电场作用下被富集到电极两端从而清洁污染土壤。

土壤电动力学修复装置主要包括：提供直流电压的直流电源；阴、阳电极和阴、阳极电解池，导出污染液体的处理装置等。电解池通常设有气体出口，分别用来导出阴、阳两极电解产生的氢气和氧气，如图 2-3 所示。

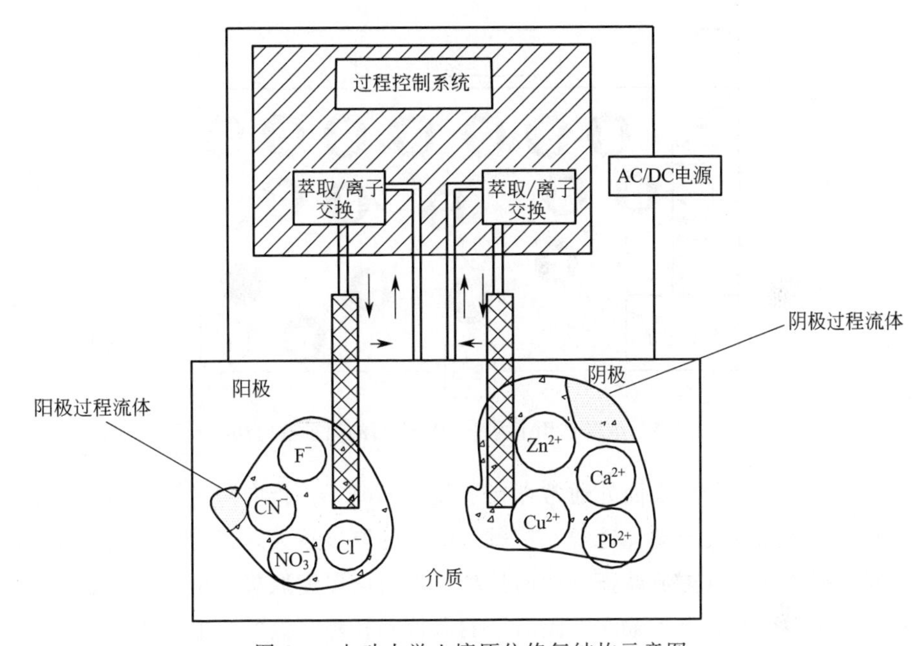


图 2-3　电动力学土壤原位修复结构示意图

电动修复的目标是在外加电场的作用下，通过电渗流、电迁移、电泳和电极电解反应等机制将污染物迁移出土壤。在对土壤施以低压直流电时，能够出现以上几种现象。当污染物迁移至电极区域时，可通过电镀、沉淀/共沉淀、络合等作用去除。

(1) 电渗流作用　电渗流为电场作用下孔隙液体从电化电极的阳极向阴极的迁移。图 2-4 为电渗流的概念模型。在电场作用下，阳极池的液体通过土壤流向阴极，速度较慢，当反方向的水力梯度流等于电渗流，或者孔隙溶液组分变化导致土壤表面势接近零时，电渗流停止。

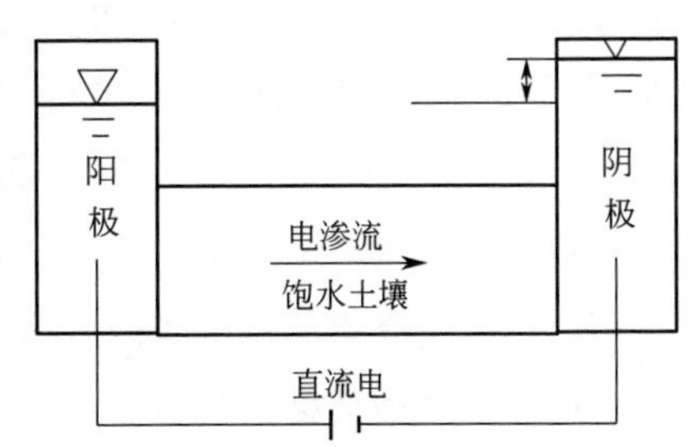


图 2-4　电渗流的概念模型

由于同晶置换和断裂键的存在，许多土壤颗粒表面带负电，阳离子被吸附在土壤表面以维持系统的电中性。土壤的表面积增加，总电荷增加。电荷密度的增加顺序为：砂土＜粉砂土＜高岭土＜伊利石＜蒙脱石。当土壤中加入水时，在扩散作用和土壤颗粒的静电引力的共同作用下，形成扩散双电层，外层的阳离子易迁移。孔隙水的正离子与带负电的土壤表面互相作用，导致离子在土壤颗粒表面直线排列，如图 2-5 所示。

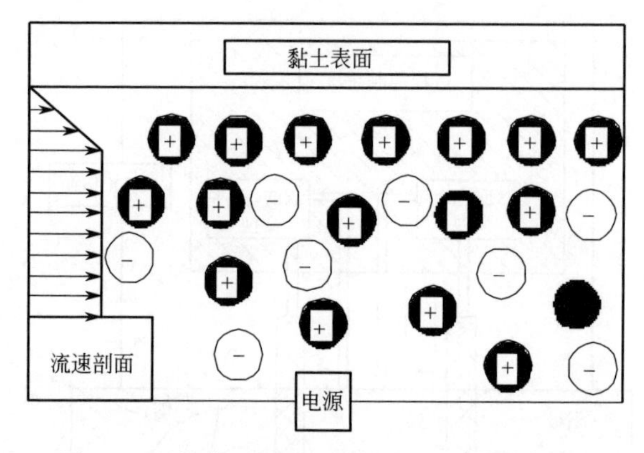


图 2-5　电场作用下黏土颗粒表面的离子双电层

由于靠近土壤颗粒表面处通常存在过量的阳离子，指向阴极的力和动量引起同一方向的孔隙溶液流动。通常，扩散双电层的厚度越大，张力场向毛细带中心的延伸范围越远，电渗流越强。然而扩散双电层的厚度取决于土壤颗粒表层的电荷密度、孔隙液中的离子浓度、阳离子的电价和孔隙溶液的介电性质。当离子浓度增加时，扩散双电层的厚度和张力将降低，电渗流被局限在介电层的边缘。因而，电渗流将降至传统方法无法检测的水平。同时，当电解液浓度高、pH 低时，可能改变表面电荷的极性，并产生向阴极的电渗流。总的来说，在低活性黏土中，高含水量、低电解液浓度条件下，扩散双电层厚度最大，孔隙溶液的电导率最小。当电势梯度为 1V/cm 时，电渗流最大，约为 $10^{-4}$ cm/(s·cm$^2$)。电渗流量的计算类似达西定律，如式(2-1) 所示：

$$Q=K_e i_e A \tag{2-1}$$

式中　$Q$——流量，$m^3/s$；

$K_e$——电渗流的渗透参数，$m^2/(V\cdot s)$；

$i_e$——电场强度，V/m；

$A$——截面积，$m^2$。

不同土壤的导水系数可能相差几个数量级，但电渗系数的变化范围很小，为

$1\times10^{-9}\sim1\times10^{-8}m^2/(V\cdot s)$。因而，在低渗透性的细砂土中，电场的作用比水力梯度的作用强。

（2）电迁移作用　电迁移是指土壤孔隙溶液中的离子和离子络合物向相反电极迁移。电迁移主要是针对土壤中溶于水的离子态物质，移动速度快，对于重金属和离子态的有机分子的迁移去除起到决定性作用。在电迁移的过程中土壤性质对其影响较小。除污染物外，孔隙水中 $H^+$ 和 $OH^-$ 向阴、阳极的迁移过程也值得关注。图 2-6 表示了电场作用下离子迁移的过程。

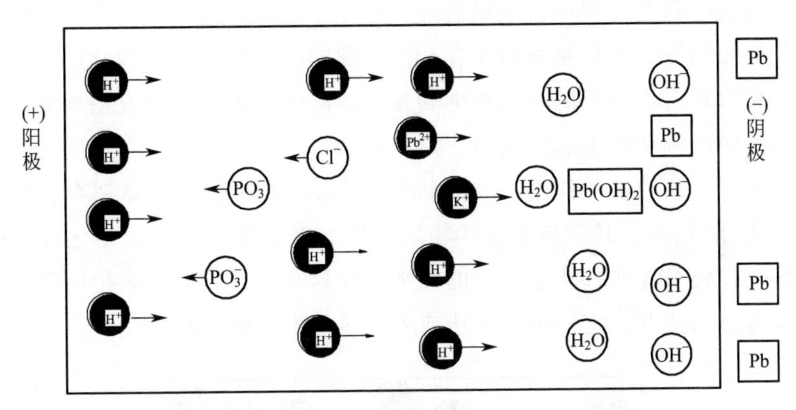


图 2-6　电场作用下离子的迁移及水的电解反应

低电导区的形成、污染物向这个区的迁移及沉淀等现象可通过强化或调解来解决。比如，使用乙酸的阴极区极化反应。$H^+$、$OH^-$ 比其他组分的迁移量几乎大一个数量级，$H^+$、$OH^-$ 的迁移使土壤的 pH 发生改变，这将改变土壤结构和污染物的移动性和可利用性。因此在电动力学修复过程中应以酸碱缓冲剂调节 pH，以保证电动力学修复的顺利进行。

（3）电解反应　电动力学修复过程中需要同时考虑电极的电解反应，系统中同时含有 $H^+$、$OH^-$ 时，电场作用下 $H^+$ 的迁移速度是 $OH^-$ 的 1.8 倍。图 2-6 也表示了 $H^+$、$OH^-$ 的迁移。在非强化电动力学修复中，$H^+$ 通过电迁移作用，在靠近阴极的地方遇到 $OH^-$ 生成水。$H^+$ 在土壤中的迁移有助于解吸土壤吸附的阳离子，特别是金属离子。如果需要，产生的 $H^+$ 及其迁移可在电动力学修复中用作酸洗过程。但由于 $H^+$ 的迁移方向与电渗流一致，$H^+$ 形成酸性带使得靠近阳极的 2/3 土壤区域发生酸化。图 2-6 还表示了土壤毛细带污染物的迁移和在阴极的电沉淀。由于水的自电解反应，使土壤的 pH 发生突变，阳极被酸化，阴极被碱化，污染物在 pH 突变区沉淀，这个区的离子导电性将急剧下降（$<1\mu S/cm$）。

为了合理、全面评价颗粒物的迁移，有必要考虑颗粒物在更广 pH 范围内的行为。以 Cb 为例，它在高 pH 时与带负电的物质络合，整个物质带负电性，在电场作用下向阳极移动。在非强化电动力学修复中，阴极池中 pH 升高，可形成带电的金属络合物，并向 pH 变化区迁移，以难溶解的氢氧化物形式沉淀。

（4）电泳作用　电泳指带电颗粒或胶体在电场影响下产生的传输现象，与可移动颗粒物结合的污染物以这种方式去除。电泳的概念模型如图 2-7 所示。由于电动力学修复过程中带电土壤颗粒的移动性小，常常可以忽略电泳作用。

在电动力学修复过程中还包括另外一些化学物质的迁移机制，如扩散、水平对流和化学吸附等。扩散是指由于存在浓度梯度而导致的化学物质运动，水溶液中离子的扩散量与该离子的浓度梯度和其在溶液中的扩散系数成正相关。水平对流则是由溶液的流动而引起的物质的对流运动。

伴随着以上几种迁移作用，在电动力学修复过程中土壤体系还存在着一系列其他的变化，如 pH、孔隙液中化学物质的形态以及电流大小的变化等，而土壤中的这些变化将引起多种化学反应的发生，包括溶解、沉淀、氧化还原等。根据化学反应自身的特点，它们可以加速或者减缓污染物的迁移。

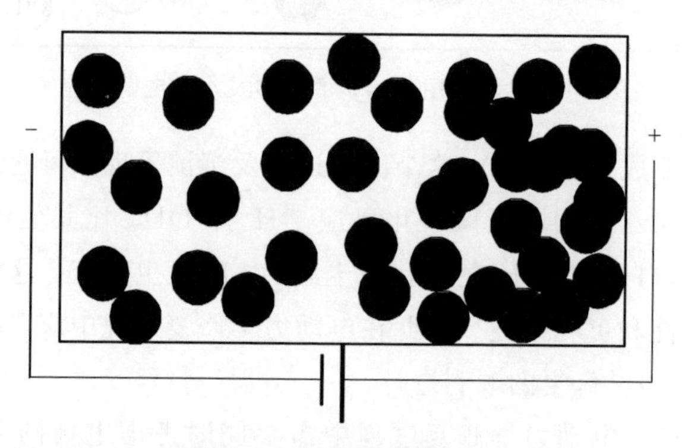


图 2-7　电泳概念模型图

由于焦耳热的作用，土壤电动力学修复过程会导致土壤温度增加，进而提高离子的迁移速度，相应增加电迁移和电渗析的速度，有利于阳离子污染物的去除，但不利于阴离子污染物的去除。

## 2.2.4　土壤电动力学修复技术的应用

电动现象最早在 19 世纪初被观察到，Casagrande 在 1947 年发表了关于电渗流在基础设施和土方工程应用上存在的实际问题研究，利用电动力学修复进行土壤的脱水，20 世纪 80 年代研究人员开始重视对污染土壤电动修复方面的研究，90 年代电动力学修复技术得到了快速发展。经过几十年的发展，电动力学修复技术的研究得到了长足的进展，已经在实验室研究和实际应用方面取得了一定的研究成果。许多污染土壤颗粒较细或渗透性低，对于传统的修复技术造成了极大的障碍，而电动力学修复可以使水、离子、胶体在细粒沉淀物中运移，能有效修复低渗透性污染土壤。电动力学修复技术操作简单、成本低廉，可以在不破坏原有自然环境的基础上进行环境修复，不会造成二次污染，是一种绿色的土壤修复技术。

土壤作为一种复合污染介质，常见的土壤污染包括重金属污染和有机物污染，也可能存在复杂的污染状况。传统的土壤修复技术在经济有效性和技术可行性方面都存在着一定的限制，而且土壤中的离子具有很强的交换能力，应用传统的修复技术去除离子污染物非常复杂。电动力学修复技术是一种颇具潜力的土壤修复技术。目前，土壤电动力学修复技术已经有效地应用于土壤中的重金属及石油烃、酚类、多氯联苯、胺类和有机农药等有机污染物的去除。

目前，国内外科研人员已经发展了多种土壤电动修复技术，如 Lasagna™ 技术、Electro-Klean™ 电动分离技术，并成功应用于污染土壤的修复。部分土壤电动力学修复方法的特点和应用情况见表 2-1。

**表 2-1　部分土壤电动力学修复方法的特点和应用**

| 修复方法 | 技术特点 | 适用土壤 | 应用地点 | 优点 | 缺点 |
|---|---|---|---|---|---|
| 电动力学生物修复 | 通过生物电技术向土壤土著微生物加入营养物 | 饱和及非饱和土壤 | | 不需要外加微生物群体 | 高浓度污染物会毒害微生物，需要的修复时间长 |
| 电吸附 | 电极外包聚合材料以捕获向电极迁移的离子 | 不详 | 美国路易斯安那州 | 聚合材料内的填充物可调节 pH 值，防止其突变 | 仍有必要进一步研究其经济性 |
| 电化学自然氧化 | 利用土壤中催化剂作污染物的氧化降解剂 | 不详 | 德国 | 不需要外加催化剂，而利用天然存在的铁、镁、钛和碳元素 | 需要的修复时间长 |
| Electro-Klean™ | 向土壤外加电压时加入增强剂(主要是酸类) | 饱和及非饱和土壤 | 美国路易斯安那州 | 去除范围广，可去除重金属离子、放射性核素和挥发性污染物 | 对缓冲能力高的土壤和存在多种污染物的土壤去除效果差 |
| Lasagna™ | 由几个渗透反应区组成 | 饱和黏性土 | 美国肯塔基州 | 循环利用阴极抽出水，成本相对较低 | 电解产生的气泡覆盖在电极上，使电极导电性降低 |

Lasagna™ 电动力学修复工艺是由美国环保署（EPA）、美国能源部（DOE）与几个私人公司根据土壤污染综合原位修复技术合作研究与发展的协议

研发设计的。该工艺是针对低渗透性土壤研发的一种原位修复技术，土壤处理区由电渗层和处理层组成，利用电渗流和处理剂综合治理土壤。Lasagna$^{TM}$ 技术与渗透反应墙工艺相似，通过设置多个反应区使土壤中污染物在电场的作用下迁移至处理区域，在处理区域内污染物可通过吸附、固化、降解等方式降解修复，从而清洁土壤，该工艺可用于处理重金属、有机污染物以及混合污染物。Lasagna$^{TM}$ 电动力学修复工艺可以分为水平和垂直两种修复方式，水平工艺是把电极在水平方向上插入污染土壤的两端，垂直工艺则是把电极在垂直方向上设置在土壤的表层和底部。Lasagna$^{TM}$ 工艺在 1995 年已经成功应用于美国肯塔基州的 Paducah 实际场地，公司成员 Ho 等在野外成功地处理了三氯乙烯（TCE）污染土壤，并研究了污染物在高岭土中的迁移状况，这是该工艺实际应用的首个实例：在试验的第一阶段，TCE 的去除效率高达 98%，其中个别点达到 99%，浓度从 100～500mg/L 降至 1mg/L；第二阶段由于取样停止运行 3 周，转换电极两次，治理结果显示场地内的治理效果不一，TCE 的去除效率为 95%～99%。

Electro-Klean$^{TM}$ 技术由美国 Electrokinetics 公司开发，可以有效去除砂土、粉土、细粒黏土和沉积物中的重金属、放射性元素等无机污染物和挥发性有机污染物。Electro-Klean$^{TM}$ 技术的主要作用机理是通过在土壤两端施加直流电场和酸性清洗液，使污染物迁移富集至阴极区，经过后续处理清洁土壤。清洗液的组成和土壤缓冲能力是决定 Electro-Klean$^{TM}$ 技术修复效率的重要因素。Electro-Klean$^{TM}$ 电动力学修复技术应用于 As、Zn 污染土壤，土壤中 As 浓度经过 49 天的处理由 400～500mg/kg 降低到 30mg/kg，土壤中 Zn 的浓度经过 56 天的处理后由 2410mg/kg 降低到 1620mg/kg。该技术修复成本也较低，处理每吨或每立方米土壤的成本比其他传统物理化学修复技术要少得多，电动力学修复技术的修复成本一般包括电极安装与加工费用、电能消耗费用、电极液的处理以及污染物富集土壤的后处理费用、固定成本和强化剂费用。Schultz 利用简单的经济模型估算了一个应用于实地污染修复的电动力学试验，这个三年项目经过全面修复，每立方米污染土壤需要耗费 78 美元。

Wang 等开发了上升的电动力学土壤修复（UESR）系统，通过 UESR 系统处理了重金属（铜和铅）以及有机污染物（对二甲苯和菲）的复合污染高岭土，研究了影响协同去除的各种因素：电流强度、阴极室冲洗液、修复时间、反应装置尺寸以及垂直非均匀电场下的污染物类型。研究结果显示，经过 6 天的反应时间，菲、对二甲苯、铜和铅的去除率分别是 67%、93%、62%和 35%。证明了利用 UESR 系统协同去除高岭土中的重金属和有机污染物的可行性。

Méndeza 等在恒定电流密度为 0.03A/cm$^2$ 的条件下，研究了两种不同电极安装方式对电动力学修复去除土壤中的烃类物质，并利用电化学分析技术研究了电极材料对烃类的电动力学修复的影响。研究结果显示：阴极材料和电极安装方式对烃类物质的去除有重要影响，电极与土壤直接接触试验体系的电阻更小，烃类污染物富集量从阳极到阴极是不断增加的，而电极与土壤之间用物理障碍隔开的试验烃类污染物富集规律则正好相反。

## 2.3　磁处理技术的研究进展

磁处理技术是利用磁场对非铁磁性流体作用，使被作用物的性质产生变化的一种技术。20 世纪 60 年代以来，磁处理技术已经成功应用于石油注水开采和输运，在工农业、医疗卫生、环境治理等领域研究进行了推广，具有无污染、成本低廉、施工方便等优点。磁处理技术早期主要集中于趋磁细菌的特性与应用、磁杀菌以及微生物冶金等研究。近年来，随着科技水平的提高和理论知识的完善，磁处理技术在防垢、增渗、污水处理、农业、工业、医疗保健方面得到了广泛应用，磁化作用参数、磁场强化机理等理论方面也成为研究的热点。

### 2.3.1　磁处理技术在工业中的应用

磁处理技术在化工石油生产、机械制造等工业生产领域应用广泛，其中在原油的生产运输过程、锅炉水的除垢防垢等方面研究成果显著，但由于欠缺相关的理论基础和参数优化，研究的结果重复性比较差。

原油的防蜡、降黏、防垢、脱水以及石油在管道的运输过程都离不开磁技术的应用，其中含蜡高、含水量低、黏度中等的原油特别适用于磁场处理。我国在 20 世纪 80 年代初期开始将磁处理技术应用于油田生产上，经过十几年的发展，到 1995 年为止，大庆油田已有 9000 多口油井安装了相关的磁场防蜡装置，1990 多口油井安装了磁场增注装置，安装了 100 多套磁场防垢装置，相关经济效益达到 1 亿元，我国石油生产应用磁处理技术所获得的经济效益已经超过 2 亿元。油井和管道出现的结蜡现象会影响到原油的生产运输。马秀波等利用高蜡原油和磁化器等材料研究了磁处理作用对原油结蜡和原油流动性的影响，研究结果表明与未经磁场处理的原油相比，磁处理后的原油中蜡的结晶现象更为明显，其晶体大而松散，表面能和结构强度变小，原油的流动性变好，说明磁场作用能促进原油中蜡晶的生长和析出，从而达到防蜡、降黏的效果。

磁处理技术在锅炉水防垢除垢方面的应用也非常广泛。在工业生产中，锅炉的水垢引起的损失以及水垢的清理需要消耗大量的资金，为了防止锅炉水垢的产生，相关人员研究了各种技术，其中磁处理技术因其操作简单、成本低廉、安全无污染而受到了广泛关注。磁处理技术在锅炉防垢除垢方面的应用可以追溯到1945年，比利时的Vermeiren申请了一种处理液体的磁场装置的专利，液体经过磁场装置的处理可以减少水垢的产生，各种水溶液或者悬浮液在磁场的作用下，可以起到一定的防垢除垢作用。经过几十年的发展，国内外在磁处理防垢除垢方面的应用研究取得了不少成果。黄征青等认为水经过循环多次磁处理作用，防垢除垢效果较好，磁处理作用的时间、磁场强度、水的流速、pH值、离子种类与浓度会对防垢除垢产生重要影响。刘卫国等利用内芯由永磁铁构成的磁处理器DAM进行了冷却塔和热交换器的防垢除垢试验，试验结果表明经过磁处理的老垢在一天内脱落，远远低于未经过磁处理的情况，防垢除垢效果明显。

### 2.3.2 磁处理技术在农业中的应用

不同于传统的农业技术手段，磁处理技术是一种新型的农业处理手段，磁场作为一种物理场会对植物种子的发芽、植物体的生长等产生影响，经过磁场处理的水物理化学性质发生改变，也会对种子或者植物体产生一定的刺激作用。同时，磁场也会对土壤的理化性质和生化活性造成影响，形成一定的土壤磁效应，刺激土壤中的生物过程。磁技术在农业上的应用可以分为载体处理和外加磁场两类：载体处理就是利用高效磁性剂的强磁性影响土壤的物理性质、化学性质以及生物活性，改善土壤的耕作性能和酶活性，提高化肥的利用率，促进植物体的生长发育；外加磁场就是利用一定强度的磁场直接处理土壤、种子、植物体等。

目前，磁处理技术在农业上应用的主要是恒定磁场，其磁生物学效应表现在对种子的发芽、种子的生理生化、幼苗的生长、植物的抗逆性以及酶的活性等方面的影响。王振成等研究了玉米种子经过磁化处理后的生长和产量情况，与未经过磁化处理的试验田相比，磁化处理后玉米提前出苗，玉米幼苗生长情况更加良好，平均产量增产11%，出米率提高9.1%。夏丽华将北方油菜种子在场强分别为200mT、500mT、700mT、900mT的磁场作用下处理5min，研究磁场作用下油菜种子的发芽率、活力指数、油菜的出苗率、酶活性、叶绿素含量、油菜产量以及油菜品质等各项指标的变化，研究结果显示经过磁场处理，油菜种子的活性、油菜产量和品质都得到了提高，在200mT和700mT的磁场作用下试验效果最好。也有相关研究表明，磁处理技术也可能会对一些种子或者植物体产生抑制作用或者不起作用。

外加磁场可以改善土壤结构，土壤的物理性质在经过一定强度的磁场处理后会发生一系列改变，土壤的持水能力、土壤比表面积和土壤膨胀性下降，但土壤的供水能力会提高，由于土壤表面的水膜变薄，土壤凝结力降低，从而降低了耕作阻力，改善了土壤性能，有利于作物的耕种。磁场处理后的土壤化学性质也会发生变化，由于存在同晶置换以及断裂键，土壤表面一般带负电，磁场会使土壤颗粒表面的负电荷增加，为了维持电中性，更多的阳离子会吸附在土壤表面，土壤表面的阳离子交换量得到了提高。还有研究表明，投加磁性剂或者外加磁场处理会使土壤中各种酶的活性明显提高，比如磷酸酶、转化酶等。另外，在经过磁处理后，土壤中的微生物数量以及土壤呼吸强度也会发生变化。栗杰等对不同磁场强度条件下的土壤进行处理，测定土壤的呼吸强度，研究结果显示磁场作用会增强土壤的呼吸强度，显著提高土壤中微生物的活性。顾继光等则将土壤在不同磁场强度的磁场下处理 5min，研究磁化土壤对油菜生长的影响，在磁化土壤中种植的油菜不仅作物产量高、品质好、所含维生素 C 增加，油菜的抗旱性也得到了提高。

### 2.3.3 磁处理技术在环境保护中的应用

磁处理技术因为无毒、无二次污染，被认为是一种绿色环保的环境治理技术，在污水处理领域得到了广泛的应用和发展，同时也应用在空气污染除尘等方面。

在污水处理领域，研究人员对磁处理技术的早期研究主要集中在对趋磁细菌的特性、微生物的磁效应、活性污泥的磁化等方面。生物处理法是一种重要的污水处理技术，有相关研究显示在磁场作用下细菌细胞中的线粒体会发生改变，有利于细胞的呼吸氧化作用、新陈代谢作用、能量物质运输以及细胞的生长发育，磁场还能够增强微生物的活性，增强微生物降解有机污染物的能力，增加溶解氧含量，提高整个系统的处理效率。Rao 认为磁场会影响微生物的增长速度，会使苯酚废水的降解速度提高，在磁场强度为 $1.75\times10^4$ A/m 时，苯酚的去除率最大，添加叠加磁场会产生发酵等现象。Tomska 研究了强度为 40mT 的磁场作用对有机污染物降解的影响，测定了活性污泥污水处理过程中的含氮化合物和硝化细菌的耗氧速率，研究表明磁场作用下的化学需氧量（COD）去除率较高，含氮化合物的去除和硝化过程也更为有效。Yavuz 利用序批式反应器处理人工合成污水，研究了磁场对活性污泥活性的影响，在 pH 为 7.5 时，污染物去除和微生物的生长速度达到最大，污染物的去除速率随着磁场强度的增加而增加，在 17.8mT 时达到最大值，进一步增加磁场强度，去除速率反而会下降，并且在试验中应用不同磁场也会对污泥活性产生不同的影响，脉冲直流磁场对系统的活性没有明显作用，交变磁场甚至会引起污泥活性小幅度的降低。

利用磁处理技术直接处理有机废水，去除废水 COD 的研究也取得了一定成果。许多试验证明了磁处理技术可以在短时间内直接降解污水中的有机污染物，降低有机污水的COD。姬文晋、黄慧民等利用匀强永磁铁自行设计了强磁水处理循环系统，分别进行了葡萄糖和淀粉溶液模拟有机污水的磁处理试验研究，试验表明磁处理会使溶液的COD出现一定的下降，葡糖糖水COD最大降幅为10.1%，淀粉溶液最大降幅达到17.6%，并且两者的COD降幅在一定磁场强度范围内呈先增加后降低的趋势，具有一定的波动性。郭银松研究了污染水体在不同强度磁场作用下生化需氧量（BOD）和COD的下降趋势，研究中显示经过不同强度磁场处理后，污水的BOD和COD都有一定幅度的下降，但随着磁场强度的变化显示出周期性和多极性值变化的规律，并且推断有机物的共价键（C—C、C—N、C—H）在高能量的磁场作用下发生断裂、变形、松弛，形成低能量的小分子或者部分无机化，并认为磁场对有机物电子的激发也起到一定的作用。李莉红等研究了不同磁场强度对不同成分的有机废水COD浓度的影响，试验表明经过磁场的处理后氧气的氧化能力增强，由于还原性物质的氧化反应，有机污水中的溶解氧浓度明显降低，去离子水中的溶解氧浓度变化不明显，磁处理后不同成分有机污水的COD都有所降低，降幅在20%左右。雒文生等通过在有氧条件和无氧条件下进行磁处理有机污水，试验结果显示有氧条件和无氧条件下有机污水的处理都能取得良好的效果，并且认为经过磁场处理的污水具有灭菌的效果，磁化后污水中的藻类光合作用增强，水生生物的生长能力增强，活性污泥活性也明显增强。

通过投加磁种吸附污水中的污染物并进行磁分离的高梯度磁分离技术也在污水处理领域应用广泛。磁分离就是利用外加磁场产生的磁力使磁性物质与非磁性物质得以分离。高梯度磁分离技术也被称为高磁分离技术，是一种在传统磁分离的基础上发展起来的技术，由于具有处理效率高、处理容量大、占地面积小、结构简单、操作简便、应用适用范围广等优点，高梯度磁分离在污水处理等环境领域也得到了推广。磁力与磁场梯度成正比例关系，根据这一原理，高梯度磁分离技术利用聚磁介质在分离空间中产生的很高的磁场梯度，将待分离物质中的磁性颗粒捕获分离，在应用到处理污水时，通过投加磁种和混凝剂使非磁性污染物与磁种结合从而得到分离净化。高梯度磁分离技术适用于处理炼油厂废水、钢铁工业废水、城市废水、印染废水等。陈文松等通过添加芬顿（Fenton）试剂改善印染废水的混凝特性，并添加磁种混凝形成磁絮体进行高梯度磁分离，试验结果表明印染废水的COD去除率可以达到79%以上。

### 2.3.4 磁处理技术作用机理

磁处理技术虽然广泛应用于多个领域，但至今为止磁处理技术的相关理论研究仍未取得重大突破，磁处理技术作用机理尚无定论。目前许多科研人员进行了磁处理技术的相关试验研究，并根据试验数据提出相关的理论模型。

汪仲清等通过分析相关的试验结果探讨了磁处理技术作用机理，提出了磁处理技术的微观机理模型，磁场对分子结构和磁性均为各向异性的液态抗磁性物质产生一定的作用，使其分子在管道中由“无序”流动转为“有序”流动，并且推测这种“有序”流动应为磁场和速度梯度的共同作用，磁场对于流动的液态物质具有较好的磁处理效果，而对于静态不动的液态物质磁处理效果较差。

姬文晋等认为：水中的有机物可以吸收磁场的能量，从非激发态跃迁到激发态，提高了化学反应的概率和速率；经过磁场处理，有机物中的共价键会被破坏；磁处理作用后有机污水中的溶解氧会增加，并且可能产生具有强氧化性的自由基，有利于污水中有机污染物的降解；磁场会对细菌的细胞结构产生影响，会促进微生物的新陈代谢和生物活性；经过磁场处理的污水的理化性质也可能会发生变化。

## 2.4　化学修复技术

化学修复技术总的来说，是运用氧化剂、还原剂、沉淀剂、解吸剂、增溶剂等化学制剂，使土壤中的污染物发生酸碱反应（或调节 pH 值）、裂解、氧化、还原、沉淀、中和、聚合、玻璃质化、固化等反应，使污染物从土壤中分离、降解，进一步转化为无毒或者低毒的小分子的化学形态的技术，包括土壤化学淋洗技术、化学脱卤技术、原位化学氧化技术、溶剂浸提技术及土壤性能改良技术等。

（1）土壤化学淋洗技术　化学淋洗技术分为原位淋洗和异位淋洗两类，通常的做法是将淋洗剂加入受污染土壤，经过混合、洗涤、漂洗、粒径分级等步骤，使得土壤中的污染物溶解进入淋洗液，利用淋洗液或化学助剂与污染物结合，并通过淋洗液的解吸、螯合、溶解、固定或冲洗等物理化学作用，达到修复污染土壤的目的。该技术核心是淋洗剂的选择，按照经济性及有效性原则，应选择高效、廉价、二次风险小的淋洗剂。目前，常用的淋洗剂包括水和化学溶液，水可以去除土壤中某些水溶性较高的污染物质，如六价铬；化学溶液的作用机理则包括调节土壤 pH、从土壤胶体上置换有毒离子、络合重金属污染物、改变土壤表面和污染物的表面性质等，从而促进污染物在淋洗液中的溶解。化学淋洗技术适于修复多种有机物污染（如 VOCs、原油、燃料油、多氯联苯、多环芳烃）、重金属污染及放射性污染的大粒径级别、具有高导水率的土壤。

（2）化学脱卤技术　化学脱卤技术，又称气相还原技术，是指向受卤代有机物污染的土壤中加入特殊还原剂，结合热处理和化学作用，以置换取代污染物中的卤素或使其分解或部分挥发，是异位化学修复技术之一。土壤和沉积物先在热解吸单元中预处理以使污染物挥发，再由循环气流将挥发气体带入还原室进行还原。该技术适用于处理 VOCs、卤化有机物和呋喃等，不适用于重金属、除草剂、多环芳烃、石棉、炸药、氰化物及腐蚀性物质等。该技术所需修复周期短，一般为 6～12 个月，但存在某些脱卤剂能与水起化学反应、高黏土含量及高含水率会增加处理成本等局限性。

（3）原位化学氧化技术　通过在污染区的不同深度钻井，通过泵向土壤中注入 Fenton 试剂、二氧化氯、双氧水、高锰酸钾及臭氧等强氧化剂，以氧化降解土壤中的难降解有机污染物的方法，称为原位化学氧化技术。进入土壤的氧化剂的分散是氧化技术的关键环节，传统分散方法包括竖直井、水平井、处理栅栏及过滤装置等。该方法适用于修复被油类、有机溶剂、多环芳烃、农药及非水溶性氯化物污染的高浓度有机物的粉砂质、黏质土壤，具有修复快速、高效、副产物少、彻底氧化等优点，但同时也有初期投资成本高、Fenton 试剂易爆炸等不足之处。

（4）溶剂浸提技术　溶剂浸提又称化学浸提技术，属于异位土壤修复技术的一种。根据相似相溶的原理，挖掘和过筛污染土壤，将其置于一个可以密闭的提取箱内，向受污染土壤中加入非水溶剂，在密闭箱内进行溶剂与污染物的离子交换等反应，从而将有机物从土壤中提取出来或者去除。溶剂提取技术适用于挥发及半挥发有机物、卤化物、非卤化物、多环芳烃、多氯联苯、二噁英、呋喃、农药和炸药等，不适用于氰化物、重金属及非金属、石棉和腐蚀性物质等。该技术优势在于选择性高、分离效果好、适应性强等，但同时也存在所用有机溶剂具有毒性、易挥发、易燃易爆等缺陷。

（5）土壤性能改良技术　对于不同污染种类的土壤，针对性地向土壤中施用改良剂或者人为地改变土壤氧化还原电位，以降低重金属有效性或者抑制污染物向农作物迁移的技术，称为土壤性能改良技术。该技术主要针对重金属污染土壤，部分措施也可施用于有机污染土壤。向土壤中施加的改良剂包括石灰、磷酸盐、硫黄、堆肥、铁盐、高炉渣等。其中，石灰、硫黄及磷酸盐等可与重金属反应生成氢氧化物沉淀、硫化物沉淀及难溶性磷酸盐沉淀，从而在一定时期内不同程度固定住污染物，抑制其危害。对于有机物，可投加沸石、斑脱石、黏土矿物等，增加土壤对其吸附作用。尽管该法对污染土壤的修复效果好且技术简单，但部分吸附剂花费太高、易造成二次污染、造成部分元素可溶性降低、长期有效性低等问题也成为制约其大面积使用的瓶颈。

## 2.5 生物修复技术

生物修复技术包括植物修复技术和微生物修复技术。其中，植物修复技术是利用植物及根际微生物对污染物吸收、转化、降解及固定等的作用而去除污染物的技术，包括植物提取、根际降解、植物降解、植物稳定化及挥发作用等；微生物修复技术是通过微生物的代谢作用或者其产生的酶去除污染物，包括生物堆制法、农耕法、生物反应器及生物通气法等。

（1）植物提取技术　利用植物的根系吸收污染物并将污染物富集于植物体内，植物收获后再进行热处理、微生物处理及化学处理将污染物去除的技术，称为植物提取技术，这一概念于 1977 年由 Brooks 等提出。采用的超富集植物即为具有生物量大、生长快、抗病虫害能力强及对土壤污染物具有特别强的吸收能力等特点的植物种类。植物提取广义上分为持续植物提取和诱导植物提取，前者指利用超累积植物吸收土壤中重金属以降低土壤重金属含量的方法；后者指利用螯合剂来促进普通植物吸收重金属来降低其含量的方法。环境中大多数金属，如铬、锌、镉、铅、钴等，以及有机物，如苯系物、有机氯、脂肪烃等，都是通过植物直接吸收去除的。该法是一种环境无害的绿色修复技术，具有广阔的应用前景，是土壤修复领域中发展最快的，但诸如植物生长缓慢且周期长、可积累元素单一、根系较浅只能修复浅层土壤等，是目前限制该技术长远发展的因素。

（2）植物根际降解技术　根际降解又称根际圈生物降解，主要机理为土壤中植物根际分泌某些物质，如酶、糖类、氨基酸、脂肪酸、有机酸等，使得植物根部区域的菌根真菌、专性或非专性细菌等微生物活性增强或辅助微生物代谢活动，从而加强对污染物的降解，将有机物分解为小分子的 $CO_2$ 和 $H_2O$ 或者无毒的中间产物。在水分不饱和的好氧条件下，有机污染物作为电子受体被持续矿化分解，称为好氧代谢；在厌氧条件下，一些厌氧微生物对某些难降解有机物（如多氯联苯、滴滴涕等）具有较强的降解能力，称为厌氧代谢。根际降解作用对象包括总石油烃、多环芳烃、BTEX（苯、甲苯、乙苯和二甲苯）、农药、含氯溶剂、五氯苯酚、多氯联苯及表面活性剂等。

（3）植物降解作用　植物降解作用是指植物从土壤中吸收污染物并通过植物体内代谢过程将污染物降解，或者污染物在植物产生的酶作用下在植物体外降解的过程。植物对污染物的吸收取决于有机物的疏水性、溶解性和极性，实验表明辛醇-水分配系数（$\lg K_{ow}$）在 0.5～3.0 的中等疏水化合物最容易被植物吸收运转。此外，植物对污染物的吸收还取决于植物种类、污染期限、土壤理化性质等因素。该法主要处理对象包括除草剂、杀虫剂、杀真菌剂、增塑剂、卤代物、多氯联苯等有机污染物。

（4）植物稳定及挥发技术　植物稳定，是通过植物根系的吸收富集、根系表面的吸附或植物根圈的沉淀作用等，稳定土壤中的污染物；或利用植物或其根系保护污染物免于侵蚀、淋溶等作用产生的迁移扩散。土壤的氧化还原电位一定程度上决定了重金属离子在土壤中的溶解度及价态，植物根系通过向土壤中释放氧气增加土壤的氧化还原电位，或产生非专一性电子传递酶，使还原态重金属元素进行氧化形成植物难以吸收的氧化态，从而减少植物的吸收。该技术主要针对废弃场地重金属污染和放射性核素污染物的固定，可以显著降低风险性，但随着环境条件发生变化，重金属的生物有效性也发生改变，没有彻底解决污染问题。植物挥发是指利用植物吸收土壤中的重金属，在植物体内将其转化为可挥发形态，而后通过蒸发作用将污染物或者改变形态的污染物释放到大气中的技术，可用于重金属（汞和硒）和某些含氯溶剂（三氯乙烯、三氯乙酸、四氯化碳等）的修复。

（5）生物堆制法　生物堆制法又称静态堆制法，将挖掘出的受污染土壤堆放至某一场地，通过向土壤中添加水分、矿物质、营养物质、氧气等使土堆内的条件最优化，提高微生物的活性，从而促进污染物的生物降解，主要包括生物堆体、通风系统、营养物系统、渗滤液收集处理系统、尾气收集处理系统等。该技术属于异位修复，适用于挥发及半挥发、非卤化、有机污染物及多环芳烃等污染土壤的修复。

（6）生物反应器法　将受污染土壤挖掘出来，通过机械搅拌作用将污染土壤与水、营养物质混合，以加强微生物的降解活动，称为生物反应器法。降解微生物可以是土壤本底微生物或者后面接种的微生物。处理后的泥浆经脱水处理，脱出的水须进一步处理以去除其中的污染物。该法主要适用于要求快速清除污染物的事故现场、污染严重土壤或者环境质量要求高的地区，相比固相修复系统，具有更快的修复速率，但此法能耗大，过程复杂，成本高，修复后的土壤结构被彻底破坏。

（7）农耕法　农耕法包括原位和异位两种，前者是指通过翻耕污染土壤，补充氧和营养物质，可在翻耕时施入石灰、肥料等，质地黏重的土壤可适当添加一些沙子以增加孔隙度，为微生物生存和代谢提供适宜的土壤环境；后者是指将受污染的土壤挖掘出来运至其他清洁土地，将污染土壤均匀地撒到较为清洁的土地表面，通过耕作的办法使污染土壤与清洁的表层土壤混合，促进污染物的生物降解。土地耕作法设计和实施相对简单，一般 6 个月至 2 年内完成修复，修复价格较便宜，对土壤自身结构影响小，但同时较难达到 95%以上的去除率，不适用于石油烃浓度为 5000mg/kg 以上的高浓度污染土壤，需要较大的土地面积进行处理，处理产生的尘埃及蒸气可能引发大气污染问题。

(8) 生物通气法　生物通气，大致是将空气或氧气输送到地下环境，促进土著微生物的好氧活动，从而降解土壤有机物，通常用于那些蒸气挥发速度低于蒸气提取系统要求的污染物。事实证明，生物通气法最适合于柴油和喷气燃料等中分子质量的石油类物质。作为 SVE 法的生物强化技术，所受影响因素包括土壤 pH、湿度、温度及电子受体（如氧气）、生物营养盐、优势菌等。

## 2.6 高级氧化修复技术

面对日益严重的环境危机，高级氧化技术应运而生。高级氧化技术是指可以产生羟基自由基（·OH），并通过产生的·OH 诱发一系列·OH 链反应，借以攻击有机污染物和微小生物，使其降解为 $CO_2$、$H_2O$ 及无机盐的新技术。产生的·OH 是一种无选择且进攻性强的强氧化剂，氧化电极电位为 2.80V，其参与的化学反应属于游离基反应，速率可达 $10^7 \sim 10^9$ L/(mol·s)，极大程度地缩短了污染治理的工艺流程，且大幅度减少了污染治理设备的体积。高级氧化技术即是在不断地提高·OH 产生效率和应用效率的基础上发展起来的一门实现零污染、零排放的绿色修复技术。目前，用于各种媒介中难降解有机物污染治理的高级氧化技术不断应运而生，包括 $O_3/H_2O_2$ 法、$O_3$/UV 法、$H_2O_2$/UV 法、Fenton 法、光催化氧化法、电子辐射法、水激励法、空化法、低温等离子体及各种方法的相互结合等。王俊芳等总结了 $O_3/H_2O_2$ 法在饮用水、印染、造纸、农药、焦化、炸药废水等不同领域污水处理的应用，并提出 $O_3$ 与 $H_2O_2$ 二者比例的控制是影响废水处理的重要影响因素。吴桂芹综述了前人利用多种高级氧化技术降解不同种类难降解有机物污染废水的研究，指出了高级氧化技术在相关领域广阔的应用前景。

### 2.6.1 羟基自由基的高级氧化特性

·OH 是最活泼的活性分子，是进攻性最强的化学物之一。·OH 具有极强的氧化性，与氟的氧化能力相当，远大于其他化学氧化剂，各种氧化剂的氧化电极电位见表 2-2。

**表 2-2　各种氧化剂的氧化电极电位**

| 名称 | 分子式 | 标准电极电位/V |
| --- | --- | --- |
| 氟 | $F_2$ | 2.87 |
| 羟基自由基 | $\cdot OH$ | 2.80 |
| 臭氧 | $O_3$ | 2.07 |
| 过氧化氢 | $H_2O_2$ | 1.78 |
| 高锰酸根 | $MnO_4^-$ | 1.67 |
| 二氧化氯 | $ClO_2$ | 1.50 |
| 氯气 | $Cl_2$ | 1.36 |
| 氧气 | $O_2$ | 1.23 |

·OH 参与的化学反应具有极高的速度，属于游离基反应。对 C—H、C—C 键的有机物质的反应速率常数大多在 $10^9$L/(mol·s) 以上，比臭氧的反应速率常数高 7 个数量级，达到或者超过扩散速率极限值 $10^{10}$L/(mol·s)，如表 2-3 所示。

**表 2-3　·OH 反应的二级常数**

| 化合物 | pH | 反应速率常数 /[L/(mol·s)] | 化合物 | pH | 反应速率常数 /[L/(mol·s)] |
| --- | --- | --- | --- | --- | --- |
| $Fe^{2+}$ | 2.1 | $2.5\times10^8$ | 鸟嘌呤 | — | $1.0\times10^{10}$ |
| $H_2O_2$ | 7.0 | $4.5\times10^7$ | 血红蛋白 | — | $3.6\times10^{10}$ |
| 腺嘌呤 | 7.4 | $3.0\times10^9$ | 组氨酸 | 6.0～7.0 | $3.0\times10^9$ |
| 苯 | 7.0 | $3.2\times10^9$ | 卵磷脂 | — | $5.0\times10^8$ |
| 苯甲酸 | 3.0 | $4.3\times10^9$ | 甲醇 | 7.0 | $4.7\times10^8$ |
| 过氧化氢酶 | — | $2.6\times10^{11}$ | 酚 | 7.0 | $4.2\times10^9$ |
| 胞嘧啶核苷 | 2.0 | $3.2\times10^9$ | 正丙醇 | 7.0 | $1.5\times10^9$ |
| 胞嘧啶 | 7.0 | $2.9\times10^9$ | 核糖核苷酸 | — | $1.9\times10^{10}$ |
| 脱氧鸟苷酸 | 7.0 | $4.1\times10^9$ | 核糖 | 7.0 | $1.2\times10^{10}$ |
| 脱氧核糖 | — | $1.9\times10^9$ | 血清白蛋白 | — | $2.3\times10^{10}$ |
| 乙酸 | 7.0 | $7.2\times10^8$ | 胸腺嘧啶 | 7.0 | $3.1\times10^9$ |
| 葡萄糖 | 7.0 | $1.0\times10^9$ | 尿嘧啶 | 7.0 | $3.1\times10^9$ |
| 甘氨酰甘氨酸 | 2.0 | $7.8\times10^7$ | | | |

形成自由基的时间短，小于 $10^{-12}$s，如表 2-4 所示。

表 2-4　强电场放电作用时间

| 反应时间/s | 反应过程 |
| --- | --- |
| 物理阶段 | |
| $10^{-17}$～$10^{-16}$ | 电离：$O_2 \longrightarrow O_2^+ + e^-$，$H_2O \longrightarrow H_2O^+ + e^-$ |
| $10^{-15}$ | 激发：$H_2O \longrightarrow H_2O^*$，$O_2 \longrightarrow O_2^*$ |
| $10^{-14}$ | 离子-分子反应：$H_2O^+ + H_2O \longrightarrow H_3O^+ + OH^-$ |
| $10^{-14}$ | 激发分解：$H_2O^* \longrightarrow \cdot H + \cdot OH$ |
| $10^{-12}$ | 水合电子形成：$H_2O + e^- \longrightarrow e_{aq}^-$ |
| 化学反应阶段 | |
| $10^{-10}$～$10^{-3}$ | ·OH、·H、$e_{aq}^-$ 与生物分子、有机物进行的反应 |
| $10^{-7}$ | 水合电子解离时间：$e_{aq}^- \longrightarrow H_2O + e^-$ |
| $10^{-7}$ | 自由基扩散和均匀分布时间 |
| 1.0 | 自由基及其参与的化学反应完全结束 |
| 1.0～10 | 生物化学反应过程 |

与普通的氧化反应不同，·OH 可以实现有机污染物的完全矿化，在反应过程中，·OH 可与中间产物连续反应，直至污染物被完全氧化成 $CO_2$ 和 $H_2O$，实现零污染物、零废物排放。

## 2.6.2　·OH 在环境污染修复中的应用

目前·OH 在污染治理的应用主要体现在各种高级氧化方法中，这些技术已经用于处理制药废水、印染废水及各种难降解的有机物。刘汝鹏等采用 $Fe^0$-$H_2O_2$ 法对草类制浆造纸中段废水进行深度处理，研究发现废水色度从 160 倍降到 20 倍，$COD_{Cr}$ 从 420mg/L 降到 14mg/L，用紫外吸收光谱分析降解产物后，发现该工艺可有效去除或降解氯化木素。秦鹏等利用高压脉冲电晕降解液相苯酚，发现苯酚的降解效率可以达到 94.39%。Yue、Legrini 等报道了在中性条件下，农药和腐殖酸被 $O_3$/UV 氧化的实验结果，在紫外线的作用下，激发 $O_3$ 产生·OH，显著强化 TOC（总有机物）降解，并建立了包括紫外光强度在内的动力学模型，得到了速率常数及活化能。孙民等利用 Mn-Fe 多孔陶瓷催化臭氧化降解印染废水，发现降解效率达到 97%，分析降解机理发现，降解效率良好的主要原因是体系内羟基自由基的增多。

# 第3章
# 电磁助快速修复技术

## 3.1 概述

### 3.1.1 污染土壤电磁助快速修复技术市场前景分析

随着我国经济的快速发展，产业结构的不断调整、城市空间布局的不断变化，原来工业用地转换为其他非工业用地。特别是大多数化工企业被关闭或搬迁后，需要进行生产设备和场地的清理，很多废弃的场地急待修复后才能被重新利用，否则存在潜在的场地污染风险。以长江三角洲地区为例，20 世纪 60—70 年代随着乡镇企业的兴起，小化工、小农药、小印染等化工企业数量增多、分布增广。据有关数据统计，仅江苏省化工企业总数就达 30000 多家。由于一些企业当时规模不大、生产工艺落后、设备简易、无相应环保设施，长时间的生产易造成场地污染以及对周围环境的污染问题。随着长江三角洲地区城市化和工业园区化的快速推进，部分原来的化工类企业场地发生了很大的变化。许多城市为调整产业结构而实施城市布局“退二进三”战略，原来处在主城区的化工企业纷纷搬迁。这些土地如不加修复而直接使用将存在很大风险。因此，对“退役”的化工类污染场地加强管理已得到各级政府的高度重视，开展“退役”化工类污染场地的土壤修复工作已刻不容缓。

由于有机氯农药具有“三致”作用，结构稳定、毒性大、在土壤中难分解，其自然降解时间长达几年甚至几十年，与一般化工类污染场地相比，具有持久性长、污染危害大、对人体健康和生态风险高，属于高危害性和高风险性的场地；对污染场地修复技术和工艺要求高、难度大。因此，这些被关闭的生产企业急需进行风险评估和场地修复。因此，研发污染场地土壤修复技术及设备具有很大的市场应用前景。电磁助快速修复技术不仅适用于有机氯农药类污染场地需要，而且还适用于其他化工类有机污染场地的土壤修复工程，应用的范围十分广阔。

根据我国有机氯农药污染场地的修复要求，目前需要基于物理和化学原理的快速、高效、经济的修复技术。例如，美国新泽西理工学院的 Dauerman 使用微波技术进行了污染土壤修复的实验室小试和中试研究，并在处理的效果和经济方面与焚烧法进行了比较。微波修复 1t 土壤的操作费用为 40 美元，而焚烧法为 150～300 美元；微波修复安装费用（$5m^3/h$ 的处理能力）为 50 万美元，而焚烧法为 550 万美元。因此，电磁助快速富集和羟自由基高效氧化修复两种技术在实现高浓度、高毒性有机氯污染场地的快速高效修复方面具有十分明显的技术经济优势。

### 3.1.2　电磁助快速修复土壤研究方法

（1）电磁助快速富集研究方法

① 在不锈钢、铂、钛网等电极材料中选择出合适的阴阳极材料，与构建的电解反应器共同组成电磁助快速富集修复系统。

② 以六氯苯、多溴联苯醚、三氯生为处理对象，以本体物质为表征指标采用平行试验，用对比法确定最佳工艺条件。

③ 影响因素主要考察电磁场强度、电磁耦合特性、土壤 pH 值、电压、电流、反应时间、电解质浓度等因素。

④ 运用电化学理论对处理过程的电能损耗进行分析，并进一步优化工艺条件。

（2）强电离放电规模高效生成羟基自由基的研究方法　羟基自由基生成的等离子体化学反应途径如图 3-1 所示，研究方法包括以下几种。

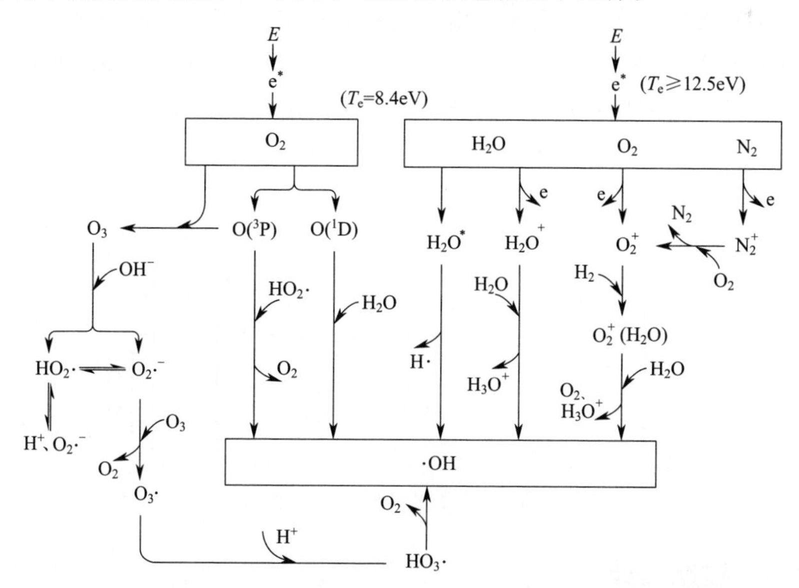


图 3-1　羟基自由基等离子体化学生成途径

① 利用试验和数值模拟的方法，研究 $O_2$、$H_2O$（气态）等电离气体在非平衡输运过程中的能量耦合过程与粒子转化过程，阐明界面区域内电子分布函数对高效生成·OH 等活性粒子的影响规律及其调控方法，提高能量的转换效率。

② 研究临界电场、温度场、各种粒子的速度场、浓度场等特征参量对生成·OH 等活性粒子的影响规律，实现用强电离放电的物理参量调控规模、高效生成·OH 等离子体的化学反应过程，为规模、高效·OH 的产生提供技术参数和设计依据。

羟自由基高效修复技术研究，采用制备的·OH 对有机氯污染物进行修复研究，明晰各项反应参数和工作条件。

（3）反应机理研究

① 以 GC、GC-MS 等为检测手段，分析降解过程的机理和动力学过程。

② 在以上研究成熟的基础上，选用合适的电极材料和尺寸构建反应系统对实际有机氯污染土壤进行降解研究。

## 3.2 电磁助快速富集装备开发及修复可行性

### 3.2.1 电磁助快速富集装备开发

#### 3.2.1.1 试验装置设计

试验所用装置如图 3-2 所示，由有机玻璃加工而成，板厚 5mm，外观尺寸长×宽×高为 16cm×8cm×6cm。其中，土壤室长×宽×高为 9cm×8cm×6cm，电极室与土壤室之间用带孔的有机玻璃板隔开，并置有纱网阻挡土壤固体颗粒的移动。电极采用高纯石墨电极，其长×宽×高为 70mm×40mm×5mm。

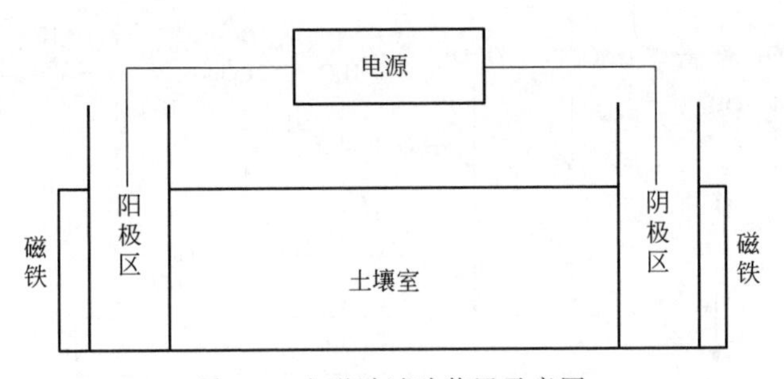


图 3-2 电磁助试验装置示意图

#### 3.2.1.2 磁路设计

（1）技术思路 根据研究要求，选用亥姆霍兹线圈来产生均匀磁场。亥姆霍兹线圈是一对相同的、共轴的、彼此平行的各密绕有 $N$ 匝线圈的圆环电流，当它们的间距正好等于其圆环半径 $R$ 时，这种圆形载流线圈称为亥姆霍兹线圈。如图 3-3 所示，取通过两圆形线圈圆心的直线为 $X$ 轴，两圆形线圈圆心之间直线的中点为坐标原点 $O$，设 $N$ 匝亥姆霍兹线圈的半径为 $R$，每个线圈上通入同方向、同大小的电流 $I$，则每个线圈对轴线上任一点 $P$ 的场强方向将一致。

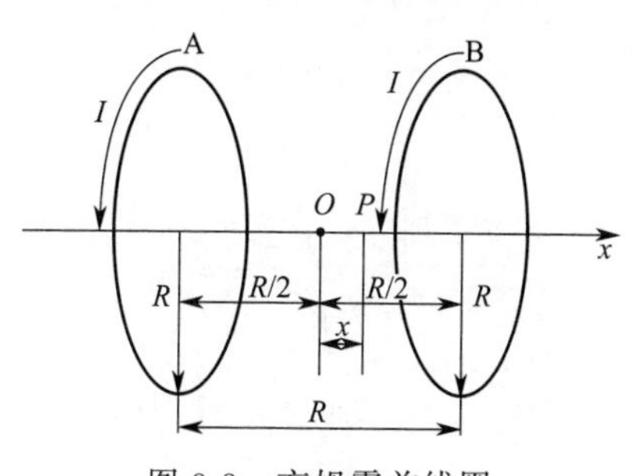


图 3-3　亥姆霍兹线圈

A 线圈对 $P$ 点的磁感应强度为：

$$B_{\mathrm{A}}=\frac{\mu_0 IR^2N}{2\left[R^2+\left(\frac{R}{2}-x\right)^2\right]^{\frac{3}{2}}} \tag{3-1}$$

B 线圈对 $P$ 点的磁感应强度为：

$$B_{\mathrm{B}}=\frac{\mu_0 IR^2N}{2\left[R^2+\left(\frac{R}{2}+x\right)^2\right]^{\frac{3}{2}}} \tag{3-2}$$

则 $P$ 点在 A、B 两线圈的磁感应强度为：

$$B_x=\frac{\mu_0 IR^2N}{2\left[R^2+\left(\frac{R}{2}-x\right)^2\right]^{\frac{3}{2}}}+\frac{\mu_0 IR^2N}{2\left[R^2+\left(\frac{R}{2}+x\right)^2\right]^{\frac{3}{2}}} \tag{3-3}$$

式中　$\mu_0$——真空磁导率，$4\pi\times10^{-7}\mathrm{T\cdot m/A}$。

本书采用了 5 对圆环形线圈组合的技术方案，每一对线圈绕组直径、匝数、线径完全相同；各对线圈之间保持线径相同而绕组直径、匝数不同；最小一对线圈居内，其他线圈直径由内向外逐对增大；整体组合线圈构成一对同轴、等距、对称、平头锥体形的装置［图 3-4(a)、(b)］。

图中 1、2、3、4、5 分别表示 5 对线圈，$L_1 \sim L_5$ 分别表示 5 对线圈间的间距；$a_1 \sim a_5$ 分别表示 5 对线圈的半径；O、A～E 分别表示不同的档位。设计反应器中每一对线圈两绕组之间串联相接并且独立设置电源输入端子。在第 5 对线圈附加少量匝数的辅助绕组亦串联相接独立设置电源输入端子；5 对线圈 6 对绕组遵循右手定则，输入电流取向一致。5 对线圈组合装置由内向外，直径逐对增大，环周逐层加宽，形成阶梯错落。这既是使每对线圈能满足亥姆霍兹条件（线

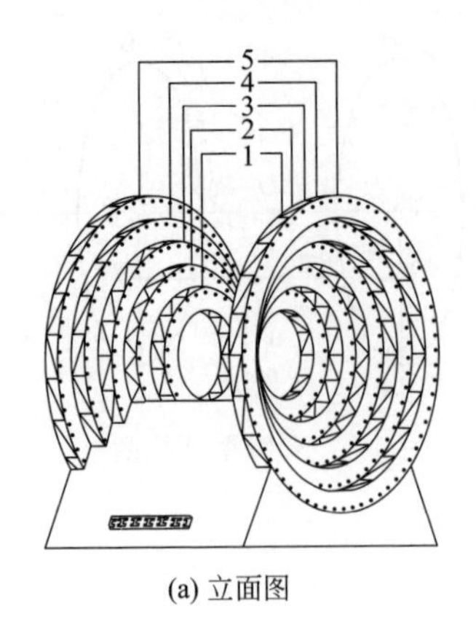

(a) 立面图

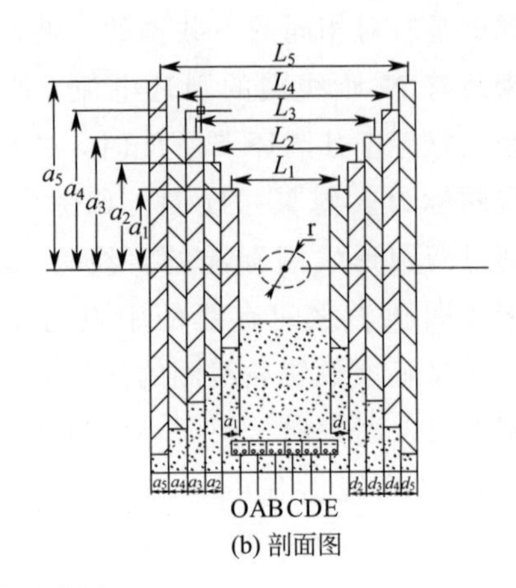

(b) 剖面图

图 3-4 磁发生器示意图

圈绕组半径 $R$＝绕组间距 $L$），发挥其均匀区大的优势；又是为已经分解的匝数，再利用错落的环周开孔散热。

（2）方案设定 本试验装置设定基本参数如下。

① 发生磁场范围：1nT～500mT。

② 最大输入电流：10A。

③ 线圈绕组最小直径：26cm。

对于第 1 对线圈（居最内），其线圈（绕组）直径：26cm，半径 $R_1=13$cm，据亥姆霍兹条件，线圈（绕组）间距 $L_1=R_1=13$cm，线圈绕组（含框槽）厚度 $d=5$cm；那么，第 2 对线圈对的最小间距，已由第 1 对线圈位置制约，即 $L_2=L_1+2d=13+10=23$cm，为满足亥姆霍兹条件，线圈半径 $R_2=L_2=23$cm。同理，第 3 对、第 4 对、第 5 对线圈的半径为：$R_3=33$cm，$R_4=43$cm，$R_5=53$cm。

考虑到绕组几何尺寸和电源功率匹配的合理性，不宜把 100mT 平均分担在 5 对线圈上，为此划分第 1 对线圈到第 5 对线圈分别负担发生磁场强度：$B_1=35$mT，$B_2=25$mT，$B_3=20$mT，$B_4=12$mT，$B_5=8$mT。

根据已知参数，可分别求出第 1 对到第 5 对线圈的匝数：$N_1\approx506$，$N_2\approx640$，$N_3\approx734$，$N_4\approx574$，$N_5\approx472$。

（3）磁线圈冷却系统设计 在线圈制作工程中，线圈的放热问题是电磁发生器能否稳定工作的一个重要因素，工作时间越久，热量越大，就会导致线路短路等问题。一对几何尺寸完全相同的环形线圈，本质上是要求绕组完全相同的，因此在线圈制作时，首先要把握容纳绕组的线圈框架槽完全相同。电磁学理论所建立的磁场线圈的数学方程都是以线电流为基准的，因此匝与匝之间越紧密，截面积越小越好。不过线径太小，电阻增大将不利于散热和电源的匹配，因此本研究线圈采用 $\phi$1.4mm 线径的铜线绕制而成。

另外，在线圈框架的材料选择时，由于线圈通电后会产生很大的热量，且为了保持磁路的稳定，应选取力学性能好、耐热、无磁性的非金属材料，如选择环氧树脂复合材料。绕组线槽的宽度和深度尺寸误差＜0.05mm。为了使框架具有良好的散热性能，在线槽的底面和相对侧面周边，均打上小孔利于孔散热。

（4）模拟计算　MATLAB 是 Math Works 公司开发的目前国际上最流行、应用最广泛的科学与工程计算软件，它集多种功能于一体，得到越来越多的科研、工程技术人员的认可，成为众多新型项目开发和产品研制的首选软件环境。

因此，根据式(3-3) 使用 MATLAB 软件对所设计装置中磁线圈产生的距离中心 4.75cm 处的磁场强度分布进行模拟，并将结果可视化，通入电流 10A 时磁场强度分布如图 3-5～图 3-10 所示。

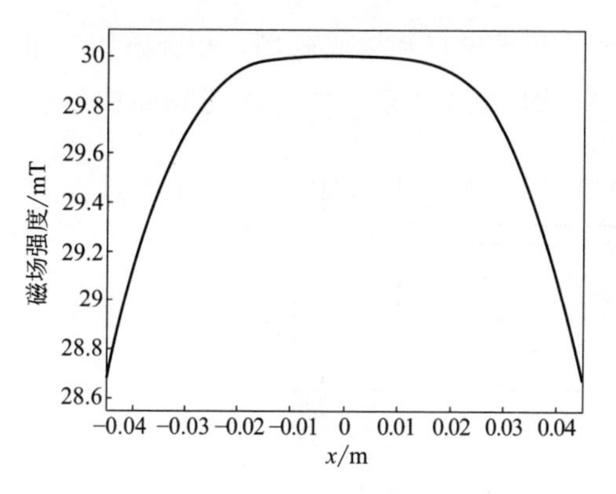


图 3-5　$L_1$ 中的磁场强度分布

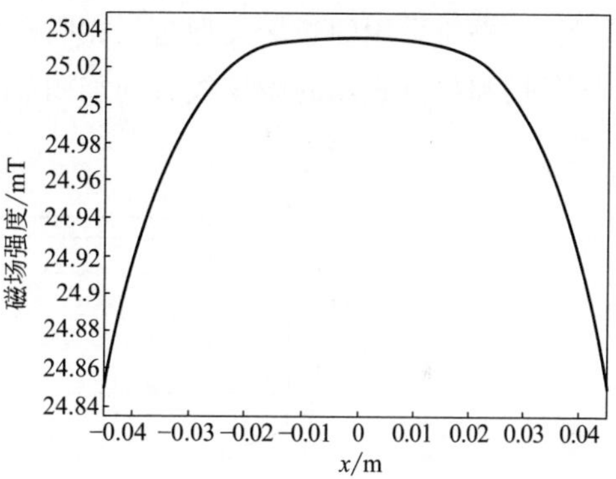


图 3-6　$L_2$ 中的磁场强度分布

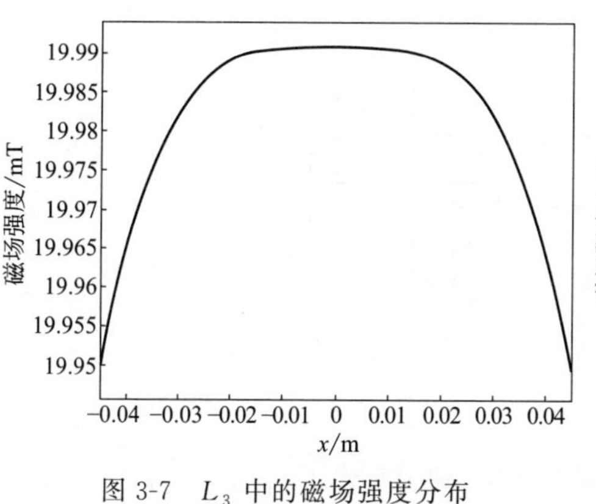


图 3-7　$L_3$ 中的磁场强度分布

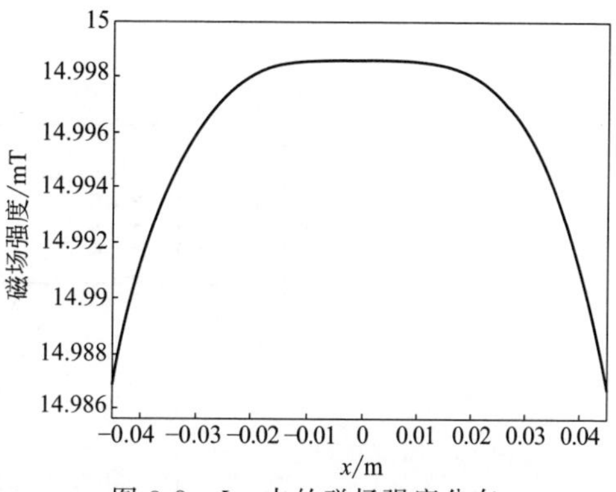


图 3-8　$L_4$ 中的磁场强度分布

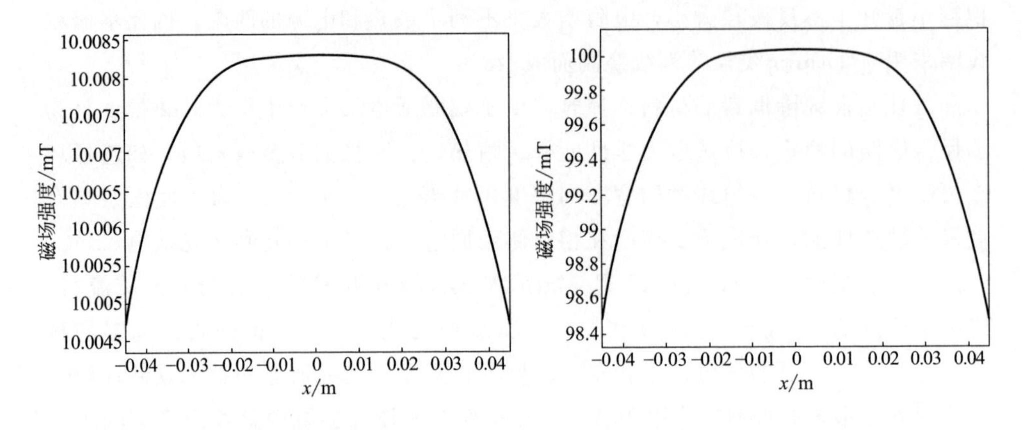


图 3-9 $L_5$ 中的磁场强度分布　　图 3-10 装置中磁场强度分布

### 3.2.1.3 磁场设置

本书所采用的磁场类型包括相吸磁场、相斥磁场和单侧磁场，相吸磁场、相斥磁场和单侧磁场的磁感线方向如图 3-11～图 3-13 所示。在相吸磁场和相斥磁

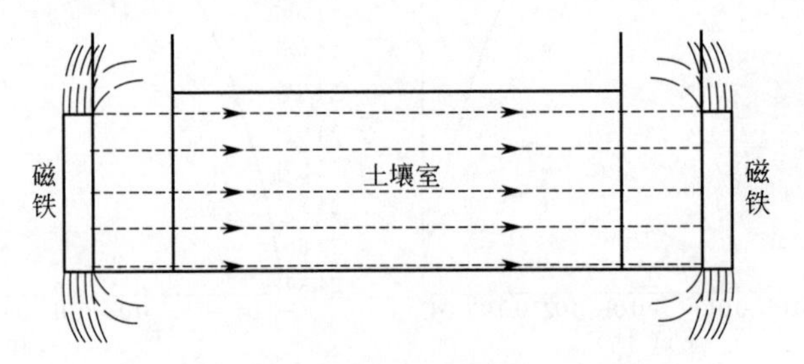


图 3-11 相吸磁场的磁感线方向示意图

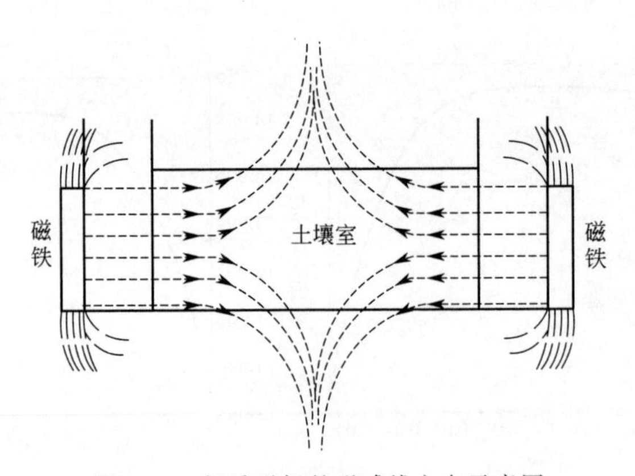


图 3-12 相斥磁场的磁感线方向示意图

场作用下，土壤区磁感强度分布分别如图 3-14 和图 3-15 所示，单侧磁场的磁感强度分布如图 3-16 所示。一般认为磁感强度处于 0～500Gs（$1Gs=10^{-4}T$）之间的磁场为低强度磁场，500～1000Gs 为中强度磁场，1000Gs 以上的为高强度磁场。

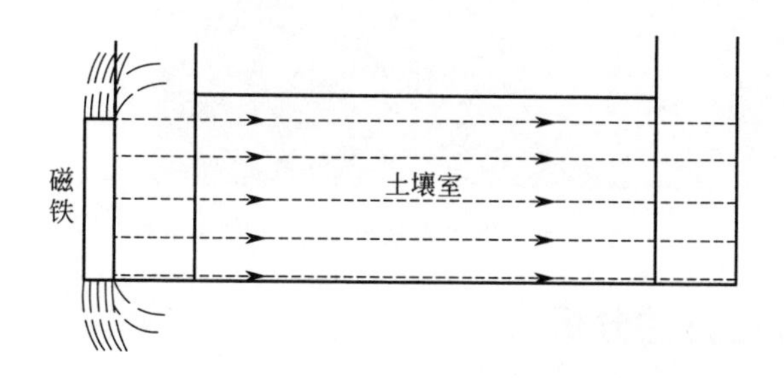


图 3-13　单侧磁场的磁感线方向示意图

图 3-14　相吸磁场的磁感强度分布

图 3-15　相斥磁场的磁感强度分布

图 3-16 单侧磁场的磁感强度分布

## 3.2.2 修复可行性分析

### 3.2.2.1 分析方法

使用气相色谱仪，采用外标法定量分析样品中的 4,4′-二溴联苯醚（BDE-15）。用 BDE-15 标准品配制成不同浓度的标准系列溶液，进样分析，测出各峰面积，建立峰面积与浓度的标准曲线。在相同的操作条件和方法下，等体积准确进样，将待测样品组分产生的峰面积代入标准曲线即可求出组分浓度。

气相色谱测定条件为：色谱柱为 RTX-5 毛细管柱，长度 30m，内径 0.32mm，膜厚 0.50μm；载气为高纯氦气（纯度>99.999%）；进样口温度 250℃；不分流进样，进样体积为 1μL；程序升温：初始温度 100℃，保留 5min，以 4℃/min 升至 210℃，保留 3min；检测器（FID）温度 300℃ 。

标准曲线的建立：精确称取定量 BDE-15 标准品，以正己烷为溶剂配制不同浓度的系列溶液，利用气相色谱仪进行检测，以浓度对应峰面积绘制关系曲线，见表 3-1。

表 3-1 BDE-15 标准曲线分析

| 物质 | 标准曲线 | 线性关系数 ($R^2$) | 检出限(LD) /(μg/L) | 定量测定限(LQD) /(μg/L) |
|---|---|---|---|---|
| BDE-15 | $y=(x+9761.2)/15.243$ | 0.9997 | 0.1 | 0.3 |

注：$y$ 为峰面积除以 $10^4$；$x$ 为浓度，μg/L。

BDE-15 的气相色谱如图 3-17 所示，其出峰时间在 11.5～12min。

为了考察样品在处理前后浓度的差别，试验中配制了已知浓度为 100ng/g 的土壤，取了 5 个样品，经上述方法处理，用气相色谱仪测定的浓度如图 3-18 所示。

从图 3-18 中我们可以看出，处理后样品测定的浓度与所配浓度非常接近，

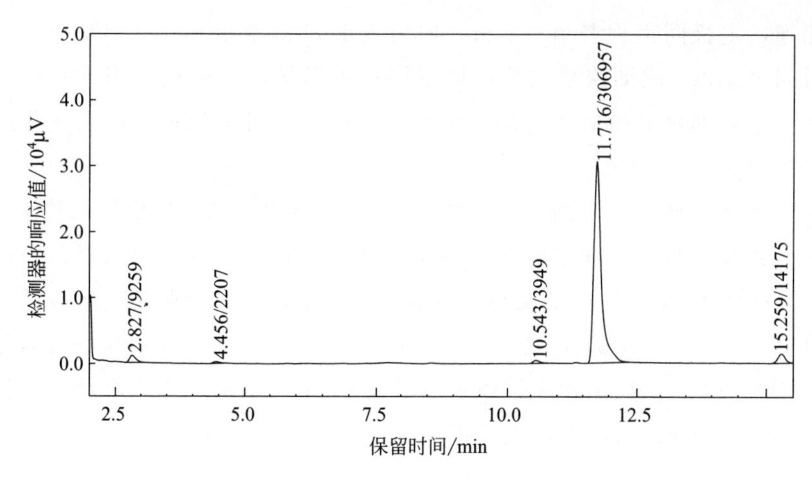


图 3-17　BDE-15 气相色谱图

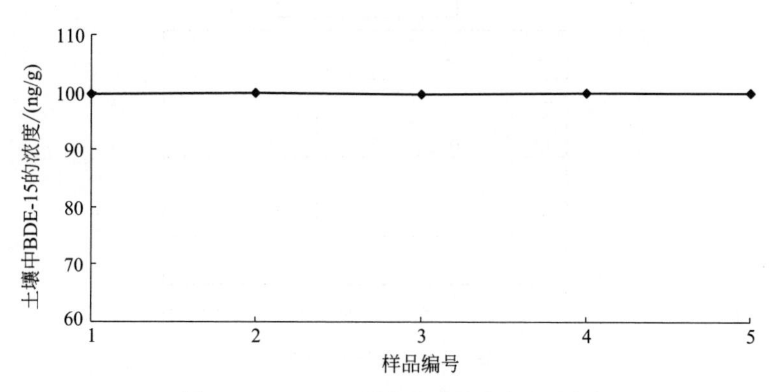


图 3-18　BDE-15 测定浓度的稳定性分析

也就是说本试验中样品的处理与测定方法的准确性是可靠的。

### 3.2.2.2　试验方法

为了验证电磁助快速修复多溴联苯醚污染土壤的可行性，本书设计了电动力学修复试验、磁助修复试验以及添加相吸磁场、相斥磁场、单侧磁场（靠近阴极侧）的电磁助修复试验。

电动力学修复试验设计如下：将一定量的 BDE-15 溶于正己烷中，然后与高岭土充分拌匀，配制成 BDE-15 含量（以单位质量干重计）为 100mg/kg 的模拟污染土壤样品，于通风橱中蒸发去除正己烷。取 40.0g 样品，加入一定量的去离子水和 2.5g 电解质 NaCl，搅拌均匀后装入有机玻璃反应器中，并分层压实，制成 8cm×6cm×3cm 的土样。向阳极室和阴极室中加入适量自来水作为电解液，陈化 2h，使样品达到饱和。用导线将阳极和阴极分别与电源的正负极相连，电极间距保持在 12cm，加盖密封，调节电压为 15V，进行反应，反应时间为 48h。磁助修复试验在只添加相吸磁场，无电场作用，其他试验部分同上。电磁助修复试验在电动力学修复试验的基础上根据上述设置不同的磁场进行试验。

取样点分布如图 3-19 所示，设置 S1、S2、S3 共三条横向取样线和 4 条间距为 2cm 的纵向取样线，图中虚线位置交点即为取样点。取样时从每条纵向取样线与横向取样线 S1、S2、S3 交点处各取 3 份等量样品，分别混合均匀，在 30℃ 的烘箱中干燥 24h。取 0.2g 混合样，加入 4mL 正己烷与二氯甲烷的混合液（体积比 1∶1），以 40kHz 的超声波超声萃取 5min 后，离心，以带针筒的过滤器注射压过滤膜，得到澄清滤液，氮气吹干后，用正己烷定容。

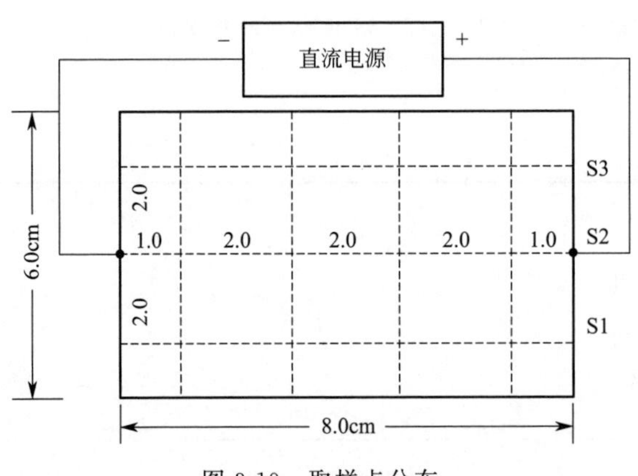


图 3-19　取样点分布

以气相色谱仪为检测手段，测定样品中 BDE-15 峰面积，计算 BDE-15 的质量浓度。每个样品测定 2 次，取平均值。以 $\rho/\rho^0$ 表征 BDE-15 的迁移效果，其中，$\rho^0$ 为反应前土壤中 BDE-15 的质量浓度，μg/g；$\rho$ 为反应后土壤中 BDE-15 的质量浓度，μg/g。

### 3.2.2.3　修复可行性分析

BDE-15 的浓度分布图如图 3-20 所示，经过无磁场的电动修复处理后，BDE-15 浓度分布从阳极向阴极呈明显的上升趋势，$\rho/\rho^0$ 在距阳极 7cm 处达到最大值 1.63，具有较好的富集效果。电渗流作用是电动力学修复处理土壤中有机污染物的主要机理，因此，BDE-15 在电场作用下随着孔隙液体从阳极区向阴极区迁移，故大量 BDE-15 富集在阴极附近。

在只添加磁场的情况下，土壤各区域中的 $\rho/\rho^0$ 值均接近于 1，BDE-15 浓度分布趋势呈平缓直线，试验结果显示单独的磁修复技术对 BDE-15 浓度变化无促

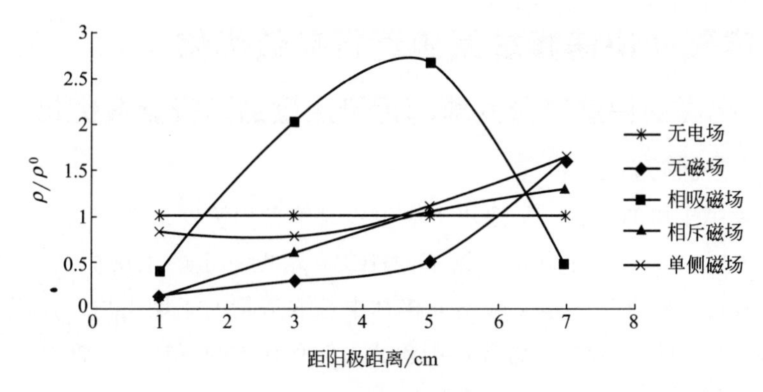


图 3-20　BDE-15 浓度的变化

进作用。磁场的作用可以影响土壤和水的微观结构和理化性质，有相关研究表明磁场可以直接降低流动污水中的 COD，但磁场对于静置试验装置中的 BDE-15 污染土壤的降解并不能直接起到促进作用。单独的磁修复处理多溴联苯醚污染土壤并不可行。

由图 3-20 中各曲线的分布可以看出，添加相吸磁场的电磁助修复试验的修复效果最好，其 BDE-15 的浓度分布趋势与电动力学修复试验明显不同，这说明相吸磁场会对电磁助修复过程中 BDE-15 的迁移产生显著影响。土壤区域的 BDE-15 浓度分布呈倒扣“碗形”，BDE-15 大量富集于土壤的中间位置，在距阳极 5cm 处 $\rho/\rho^0$ 值达到最大，为 2.66，阴阳极附近的土壤中 BDE-15 含量较小。

添加相斥磁场的电磁助试验与电动力学修复试验的土壤 BDE-15 浓度分布趋势相似，BDE-15 浓度分布从阳极向阴极呈上升趋势，在距阳极 1cm 处 $\rho/\rho^0$ 值最小，距阳极 7cm 处 $\rho/\rho^0$ 值达到最大，但相斥磁场试验电极两端附近土壤中的 $\rho/\rho^0$ 值要小于电动力学修复试验。其阴极附近的 $\rho/\rho^0$ 值最大，为 1.31，低于电动力学修复试验的 $\rho/\rho^0$ 最大值 1.63；阳极附近 $\rho/\rho^0$ 值最小，略低于电动力学修复试验的 $\rho/\rho^0$ 最小值。这可能是电极附近产生的电化学反应与相斥磁场对 BDE-15 迁移的影响共同作用的结果。电极附近水的电解会发生氧化还原反应，污染物在一定条件下会发生降解，在磁场的作用下，有机物的共价键会被破坏，并且有机物可以吸收磁场的能量，从非激发态跃迁到激发态，化学反应的概率和速率会提高。

添加单侧磁场的电磁助修复试验的土壤 BDE-15 浓度分布趋势则较为平缓，处理效果不好。

# 3.3 电磁助快速修复系统运行参数优化

## 3.3.1 电磁助快速修复六氯苯污染土壤的运行参数优化

### 3.3.1.1 试验方法

（1）模拟土壤的配制　某地块土壤中六氯苯平均浓度达到670.8mg/kg，最高达到1200mg/kg。为了制备六氯苯（HCB）浓度一定的土壤样品，首先制备模拟土壤样品。在江苏大学实验室前树林中选取适量的干燥土块。风干，研磨，然后过筛（100目标准筛），将筛后细粉状土储存在1000mL广口瓶中备用。

（2）试验方法

① 电磁助快速修复试验　试验时，取该土80g［经分析，其中所含HCB浓度（以单位质量干重计）约为0.0044mg/kg］，放入一个11.3cm×6.0cm×8.0cm的有机玻璃反应器，加去离子水50mL，称取一定量的HCB晶体，用甲苯溶解成溶液，倒入泥浆中，搅拌均匀。按HCB含量（以单位质量干重计）1000mg/kg配制模拟土壤。加入一定量的氯化钠，加10%的稀硫酸或1mol/L的氢氧化钠溶液调整样品的pH值，然后插入电极（间距10cm），接通直流电源，在200mT磁场强度下进行修复反应。本试验的电极采用不锈钢片（厚0.8mm），有效接触面积为10.6cm$^2$。

② 试验装置　试验装置示意图如图3-2所示。

（3）分析方法

① 取样方法　电磁助修复时在反应槽内平行于电极片断面上均匀设3个取样点，每次取样时分别从各断面的3点取等量样品，湿重约3g，混合后放入HACH试管密封保存，备测。考察电动力学体系中HCB迁移特性时沿垂直于两电极平面的中心线上从距离阳极0cm、2cm、4cm、6cm、8cm、10cm处分别取样，取样量（湿重）均为5g，放入HACH试管密封保存，备测。

② 样品预处理　称取0.50g样品和0.50g无水硫酸钠（$Na_2SO_4$）混合，放入HACH试管中，加入6mL丙酮与正己烷（体积比1∶1）混合液，密封，超声萃取20min，离心过滤，取出上清液，进行GC-MS分析。

（4）HCB样品的分析

① 标准曲线　标准曲线采用前面所述方程，以此作为HCB定量的依据。

② 样品分析　用GC-MS测定样品中的HCB峰面积，利用标准曲线计算HCB含量。每个样品做2次。

（5）GC-MS条件

① 气相色谱条件　程序升温 60℃至 280℃，280℃后保持 10min；流速 1.0mL/min；进样口温度 250℃；分流比初始为 20∶1，0.01s 后不分流，0.75s 后 15∶1；载气为高纯氦气（99.99999%）；色谱柱为 VF-5ms（30m×0.25mm×0.25μm）；进样量为 1μL。

② 质谱条件　溶剂延时 5min；质谱扫描时间，第 5min 至第 30min；质量范围为 40～500；电离方式为 EI；阱温为 150℃；传输线温度为 260℃；电子倍增管电压为 1500V；发射电流为 10μA。

(6) 试验数据分析　由上面可知，标准曲线方程为 $y=0.0859x+0.0199$（$y$ 表示 GC-MS 检测 HCB 的峰面积；$x$ 为 HCB 的对应浓度），根据下式计算模拟底泥中的六氯苯浓度：

$$W=\frac{C\times 6\times 10^{-3}}{m\times(1-n)}\times 1000 \tag{3-4}$$

式中 $W$——HCB 浓度（以单位质量干重计），mg/kg；

$m$——样品的湿重，g；

$n$——样品含水率；

$C$——萃取液的 HCB 浓度，mg/L。

$$C=\frac{A\times 10^{-6}-0.0199}{0.0859} \tag{3-5}$$

式中 $C$——萃取液的 HCB 浓度，mg/L；

$A$——HCB 峰面积。

### 3.3.1.2 运行参数优化

(1) 不同反应时间 HCB 的迁移特性　在外加电压 15V、电解质氯化钠投加量为 5g、电极间距 10cm、土壤初始 pH 值为 3 时进行电磁助修复试验，以分析反应时间对土壤中 HCB 迁移效果的影响，结果如图 3-21 所示。

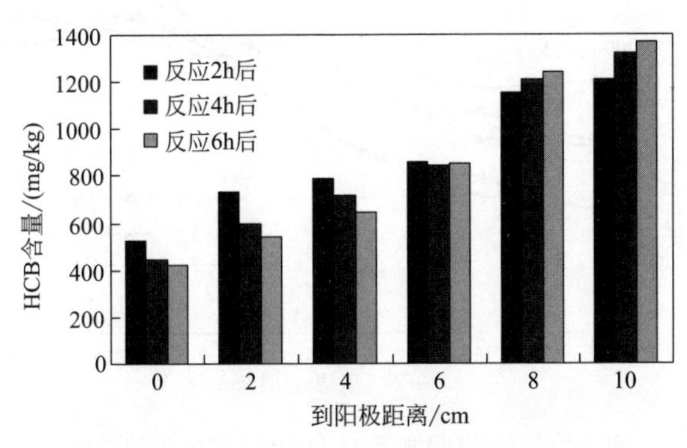


图 3-21　HCB 在反应槽中的迁移效果

由图 3-21 可知，在反应一段时间后，阳极区土壤中 HCB 的含量逐渐减少，而阴极区土壤中 HCB 的含量逐渐增加，且随着反应时间的增加这种趋势更加明显。可以认为，电磁助修复反应时间的延长有利于土壤中 HCB 的迁移。HCB 在阴极区域的富集主要原因是由于 HCB 在正常状态下为非离子态存在，但在电场作用下，其发生极化，带有正电荷。

（2）初始 pH 值对迁移性能的影响　投加氯化钠 5g，外加电压 15V，反应 6h，调整不同的初始 pH 值进行试验分析，结果如图 3-22 所示。

可见在酸性条件下，反应体系中 HCB 迁移效果明显好于中性和碱性条件下的迁移效果。其原因可能是在酸性环境中，土壤中矿物质离子溶解，随电渗流、扩散流和水平对流迁移，金属离子的大量移动亦挟裹 HCB 的共同移动，从而促进 HCB 的迁移。但是，加酸会影响土壤的 zeta 电位，导致电渗流的减弱或变向，使修复成本增加。

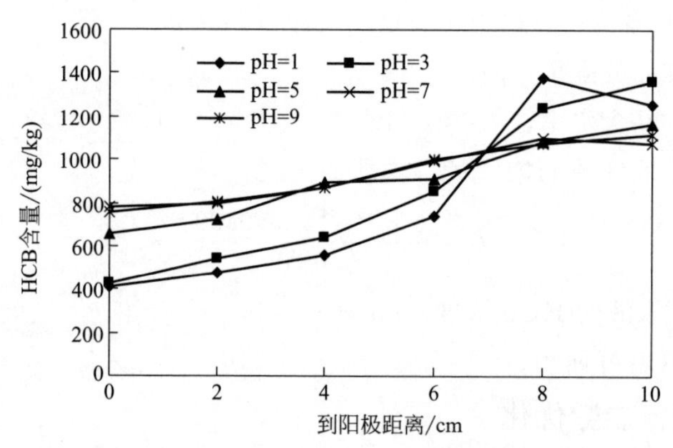


图 3-22　pH 值对 HCB 迁移效果的影响

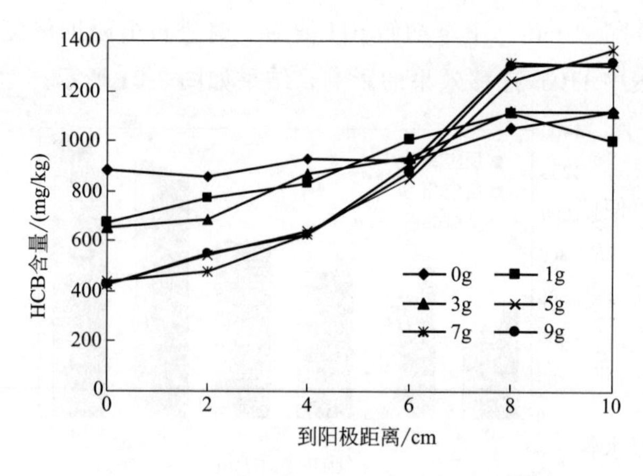


图 3-23　NaCl 投加量对 HCB 迁移效果的影响

（3）电解质 NaCl 投加量的影响　图 3-23 是在电极电压 15V、电极间距 10cm、初始 pH 值为 3、反应时间 6h 时，不同 NaCl 投加量对 HCB 迁移效果的影响。

向电动力学反应系统里投加 NaCl 的目的是增加土壤的导电性，以增大反应电流，使得带电粒子的迁移速度增加，从而提高电流效率。从图 3-23 可以看出，随着 NaCl 投加量增加，可以明显促进 HCB 迁移效果；但当 NaCl 投加量达到 5g 后，HCB 迁移效果变化不大，这主要受到 NaCl 在土壤中的溶解度的影响。

（4）电压的影响　图 3-24 所示为初始 pH 值为 3，NaCl 投加量 5g，电极间距 10cm，反应 6h，在不同电压下 HCB 的迁移效果。

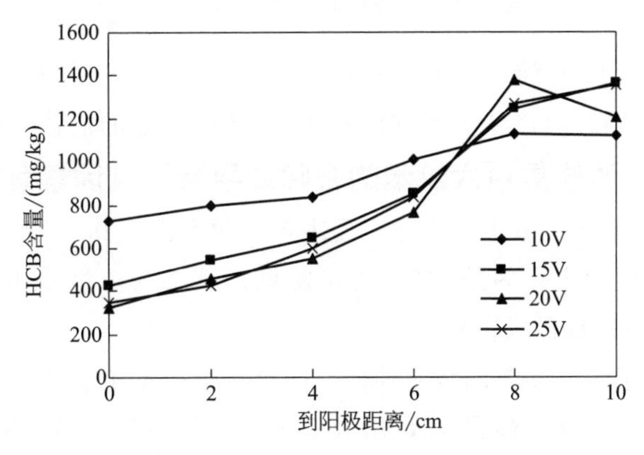


图 3-24　电压对 HCB 迁移的影响

由图 3-24 可知，电压的升高，可促进 HCB 的迁移效果；但当电压大于 20V 后，迁移效果变化不大。这是因为，当电压过高时，电场作用产生的热量增加，使土壤中的水分大量蒸发，含水率下降，系统中带电粒子的流动性降低，体系阻力升高，导致电流下降。同时，在高电压下，两极产生大量气泡导致了活化极化，且附着在阴极表面的难溶性盐阻碍了阴极的导电性，造成了阻性极化，而两极周围氢离子和氢氧根离子的浓度差导致浓差极化，这三种极化均使得氧化还原电位降低，从而使电流不断降低，导致体系的阻力增大，影响了 HCB 的迁移和去除效果。

（5）环糊精（$\beta$-CD）的影响　本书考察了环糊精的投加对 HCB 的迁移效果的促进作用。在电极电压 15V、初始 pH 值为 3、NaCl 投加量 5g、反应 6h 的条件下，分析不同的环糊精投加量对 HCB 迁移效果的影响。结果如图 3-25 所示。

六氯苯是疏水性的弱极性有机化合物，环糊精可促进其在水中溶解，从而提高 HCB 在电磁助修复系统中的迁移。从图 3-25 可以看出，在环糊精存在的条件

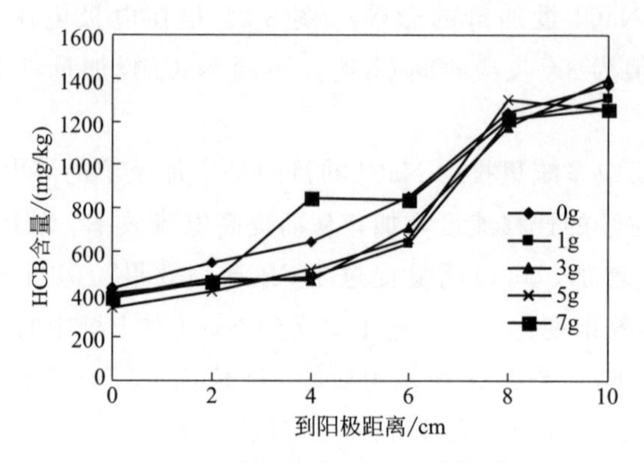


图 3-25　环糊精对 HCB 迁移的影响

下，经过相同的反应时间，各取样点的 HCB 含量均和未投加环糊精时各点的 HCB 含量明显不同，可以认为环糊精的加入可使 HCB 的迁移效果显著提高。

### 3.3.1.3　电磁助修复对六氯苯的去除效果及影响因素分析

HCB 在电动力学体系中的去除主要表现为两方面：其一为土壤中 HCB 通过迁移至电极处，而使土壤内的 HCB 含量降低；其二为电极作用使 HCB 发生氧化还原反应而使 HCB 得以去除。

（1）模拟土壤对六氯苯的吸附性能　向配制的模拟土壤样品中再加入一定量的去离子水，充分搅拌，静置 1h，用吸管去除上清液后取样测定土壤中六氯苯的含量，结果如图 3-26 所示。

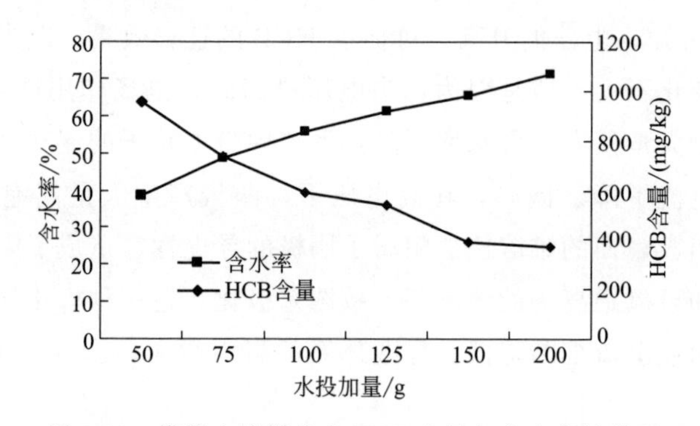


图 3-26　模拟土壤样品中 HCB 含量与含水率的关系

如图 3-26 所示，随着含水率的增加，吸附量逐渐减少。这是因为土壤是由固体、液体两相共同组成的多相体系，其中土壤固相包括矿物质和有机质。在土壤-水体系中，矿物质表面主要吸附离子型物质，同时也与水分子发生偶极作用。六氯苯是非离子型有机化合物，难溶于水，很难与水分子竞争而吸附在土壤矿物质表面。但其易溶于土壤有机质，在土壤有机质中分配时，服从溶解平衡原理，不存在竞争吸附现象，因此，在土壤-水体系中的吸附主要是分配作用。但是，土壤的含水率对分配过程影响很大。在干燥（含水率低）的土壤中，水分子的竞争较小，六氯苯表现出很强的吸附性，可被吸附在土壤矿物质的表面。同时，分配作用同时发生，使六氯苯在土壤有机质中也处于高分配状态，但表面吸附作用比分配作用大很多。但当体系的含水率较高时，六氯苯受大量水分子的影响，无法吸附于矿物质表面，而由于其又不溶于水，故从水中析出。在试验过程中可见静置后溶液表面有白色 HCB 析出。这些析出的 HCB 被吸管吸走，致使土壤中 HCB 的含量降低。

(2) 电动力学对 HCB 的去除效能分析　在氯化钠投加量为 5g、外加电压 15V、电极间距 10cm、pH＝3 时进行电动力学修复试验，不同反应时间取样，测定样品的 HCB 含量，计算去除率。结果如图 3-27 所示。

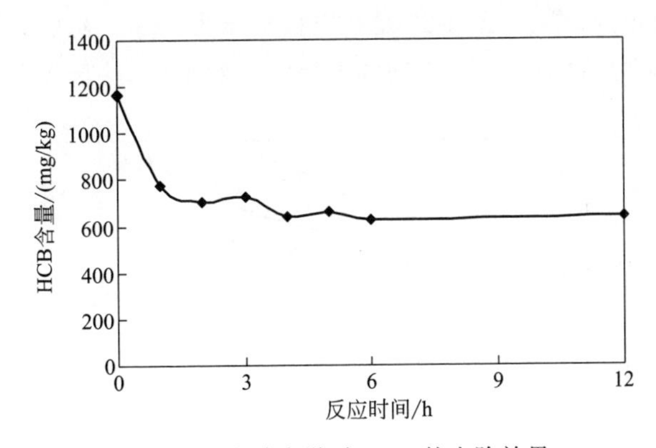


图 3-27　电动力学对 HCB 的去除效果

由图 3-27 可见，在电动力学对 HCB 的修复过程中，随着反应时间的加大，HCB 的去除率也相应变大；尤其是在最初的 1h 内 HCB 的浓度迅速降低，在反应 4h 后，曲线趋于平缓，HCB 的去除率几乎不再增加。这说明，此时由于电解产热使体系的水分蒸发严重，体系电阻增加，HCB 的迁移受阻，再延长反应时间也无助于 HCB 去除率的增加。

(3) 初始 pH 值的影响　投加氯化钠 5g，外加电压 15V，电极间距 10cm，反应 6h，调整不同的初始 pH 值进行试验分析，反应结果如图 3-28 所示。

从图 3-28 可以看出，随着体系的初始 pH 值升高，电动力学体系对于 HCB 的去除率逐渐降低；而 pH＞6.5 时的去除率不再下降，即当 pH＞6.5 后，其对 HCB 的去除影响不大。这是因为在较低的 pH 条件下，电极反应产生大量的金

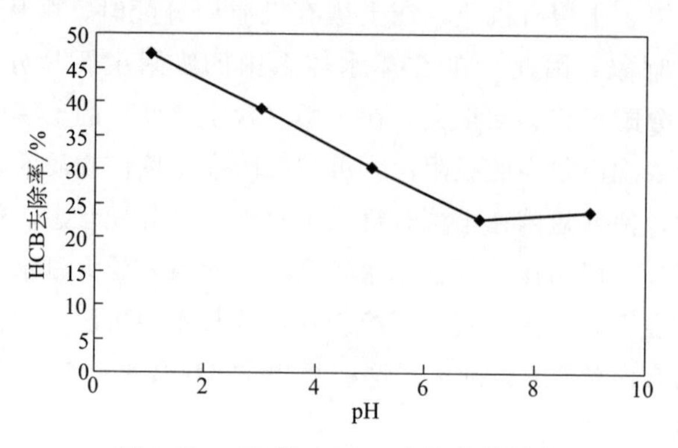


图 3-28 pH 值对 HCB 去除率的影响

属离子以及土壤中矿物质中离子的溶出，在电场作用下其可携带 HCB 共同迁移。

（4）电极间距的影响 图 3-29 是在电极电压为 15V、初始 pH 值为 3、NaCl 投加量 5g、反应 6h 的条件下，不同的电极间距对 HCB 去除率的影响。

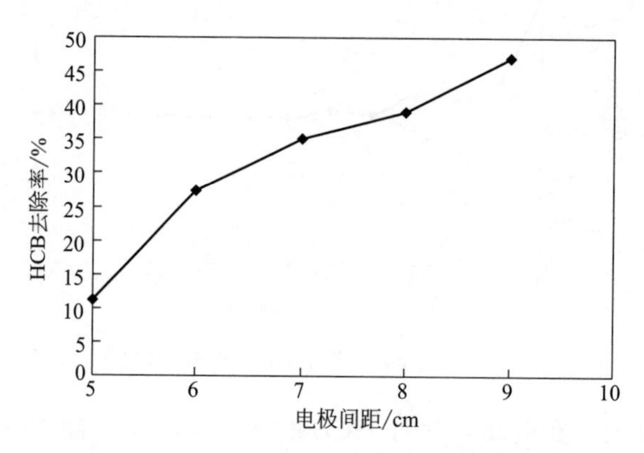


图 3-29 电极间距对 HCB 去除率的影响

从图 3-29 可以看出，HCB 的去除率随电极间距的增加而增加。这主要是因为在两电极内侧随着间距减小，系统中的压降增大，电渗流的迁移速度加快，在电场力的作用下，电极间 HCB 被很快地带到了阴极，HCB 去除率增加；但由于电极外侧电场作用力微弱，故而 HCB 去除效果差，而两电极间距越小电极外侧土壤中 HCB 含量越多，致使大量 HCB 未被去除；综合考虑以上两种情况下 HCB 去除率之和，造成电极间距降低而 HCB 去除率亦降低。

（5）电解质 NaCl 投加量的影响 图 3-30 是在电极电压 15V、电极间距 10cm、初始 pH 值为 3、反应时间 6h 时，不同 NaCl 投加量对 HCB 去除率的影响。

向土壤里投加 NaCl 的目的是增加土壤的导电性，以增大反应电流，使得带电粒子的迁移速度增加，从而提高电流效率。从图 3-30 可以看出，在电动力学体系中，随 NaCl 投加量增加，HCB 去除率增加；但当 NaCl 投加量达到 5g 后，HCB 去除率变化不大，这主要是受到 NaCl 在土壤中的溶解度的影响。

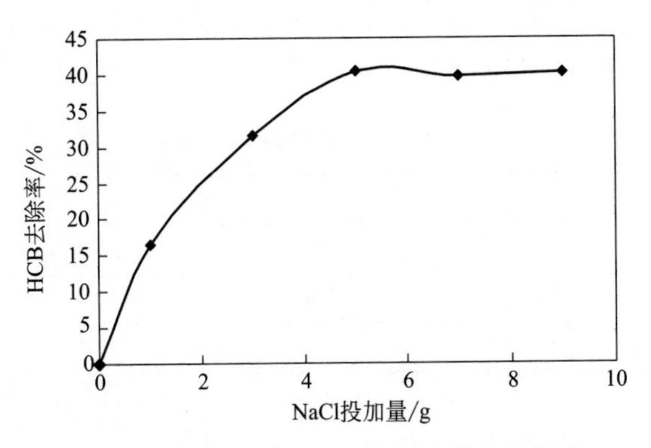


图 3-30　NaCl 投加量对 HCB 去除率的影响

（6）电压的影响　调整初始 pH 值为 3，NaCl 投加量 5g，电极间距 10cm，反应 6h，在不同电压下进行反应，反应结果如图 3-31 所示。

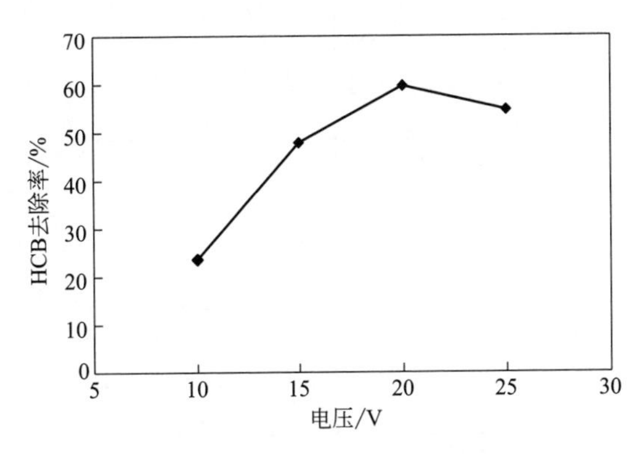


图 3-31　电压对 HCB 去除率的影响

由图 3-31 可知，随着电压的升高，HCB 的去除率也随之升高；但当电压大于 20V 后，去除效率反而下降。这是因为，电压升高，反应槽的压降增大，可使电场体系产生的各种电动力学效应如电渗析、电迁移和电泳等增强，从而促进 HCB 的去除；但当电压过高时，电场作用产生的热量增加，使土壤中的水分大量蒸发，含水率下降，系统中带电粒子的流动性降低，导致电流下降。另外，由于两极产生气泡导致了活化极化，且附着在阴极表面的难溶性盐阻碍了阴极的导电性，造成了阻性极化，而两极周围氢离子和氢氧根离子的浓度差导致浓差极化，这三种极化均使得氧化还原电位降低，从而使电流不断降低，导致体系的阻力增大，影响了 HCB 的迁移和去除效果。

（7）正交试验　根据以上单因素探索性试验可知。电动力学体系中 HCB 的去除效果受到许多因素的影响，为综合考察各个因素影响大小，从而确定最佳工艺条件，本书以 HCB 去除率（%）为目标设计了四因素三水平正交试验。因素水平及试验结果如表 3-2 和表 3-3 所示。

**表 3-2　正交试验因素与水平**

| 水平 | 因素 | | | |
|---|---|---|---|---|
| | A | B | C | D |
| | pH | NaCl 投加量/g | 电压/V | 电极间距/cm |
| 1 | 1 | 3 | 10 | 6 |
| 2 | 3 | 5 | 15 | 8 |
| 3 | 5 | 7 | 20 | 10 |

**表 3-3　正交试验结果**

| 试验号 | 试验条件 | | | | 去除率/% |
|---|---|---|---|---|---|
| | A | B | C | D | |
| 1 | 1 | 1 | 1 | 1 | 20.3 |
| 2 | 1 | 2 | 2 | 2 | 58.8 |
| 3 | 1 | 3 | 3 | 3 | 56.9 |
| 4 | 2 | 1 | 2 | 3 | 38.2 |
| 5 | 2 | 2 | 3 | 1 | 43.6 |
| 6 | 2 | 3 | 1 | 2 | 47.4 |
| 7 | 3 | 1 | 3 | 2 | 23.0 |
| 8 | 3 | 2 | 1 | 3 | 32.7 |
| 9 | 3 | 3 | 2 | 1 | 17.8 |
| $K_{1j}$ | 136.0 | 81.5 | 100.4 | 81.7 | |
| $K_{2j}$ | 129.2 | 135.1 | 114.8 | 129.2 | |
| $K_{3j}$ | 73.5 | 122.1 | 123.5 | 127.8 | |
| $R_j$ | 62.5 | 53.6 | 23.1 | 47.5 | |

注：$K_{ij}$、$R_j$ 分别代表 $j$ 因素 $i$ 水平总的试验结果及 $j$ 因素对试验结果的影响。

由表 3-2 正交试验结果可以看出，影响因素主次顺序为初始 pH 值、NaCl

投加量、电极间距、电压。

通过正交试验对各因子的显著性进行判断后，还应对影响显著的各因子进行回归分析以确定其最优水平，本书采用 Matlab 软件的 rustool 功能进行多元回归对正交试验的各个因素进行拟合，拟合曲线如图 3-32 所示。

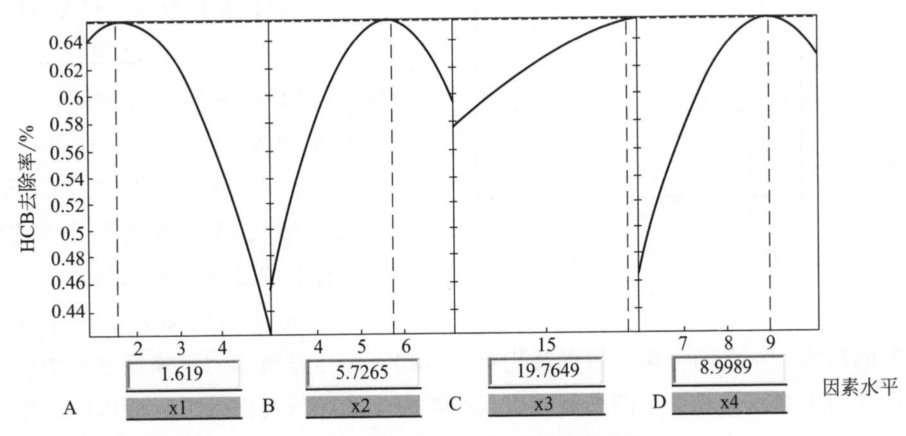


图 3-32　电动力学正交试验拟合曲线

图 3-32 中 x1、x2、x3、x4 分别代表了正交试验中 A、B、C、D 四个因素。与单因素试验结果对比，可知各个因素对 HCB 去除率的影响变化趋势一致。

根据各拟合曲线可建立回归方程如下：HCB 去除率 $=-2.1370+0.0702A+0.3113B+0.0191C+0.3644D-0.0204A^2-0.0277B^2-0.0004C^2-0.0204D^2$。

图 3-32 中各因素拟合曲线的最高点，也就是去除率最大的点，为本试验的最佳工艺条件；pH 值 1.62，NaCl 投加量 5.73g，电压 19.76V，电极间距 9.0cm，反应时间 6h，最大去除率 65.4%。

## 3.3.2 电磁助快速修复多溴联苯醚污染土壤的运行参数优化

### 3.3.2.1 试验方法

（1）单独电动力学修复多溴联苯醚污染土壤的运行参数研究　电动力学修复试验的装置如图 3-2 所示（无磁场）。在电解槽中加入高岭土，以不锈钢片作为电极，连通电源，进行动态试验。为了研究电动力学对 BDE-15 迁移效果的影响，我们设计了以下试验：称取 80.0g 配制土壤，放入 10.2cm×8cm×6cm 的有机玻璃反应槽，加入一定量的水和电解质，搅拌均匀，以不锈钢作电极，用导线将阳极和阴极分别与电源的正负极相连，进行静态电动力学试验。取样测定不同位置的有机物含量，取样空间分布如图 3-33 所示，共设置 A、B、C 三条取样线，A、C 与中线 B 的间距均为 3cm，每条线上设间距为 2cm 的 2 个取样点，共

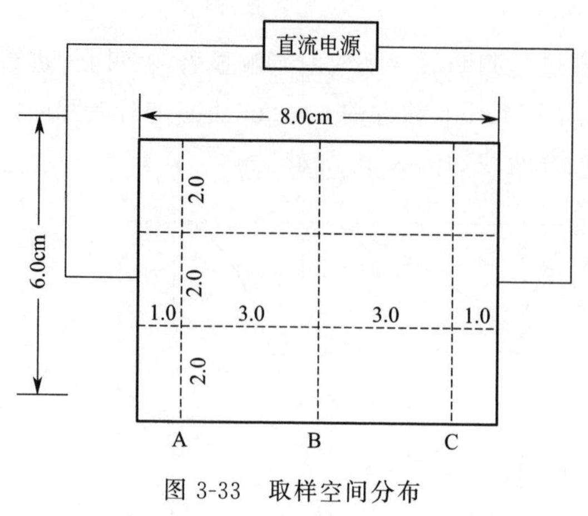

图 3-33 取样空间分布

计6个取样点，每次从垂直于阴阳极方向取样线上的三个点上取等量样品，混合均匀。将样品在30℃的烘箱中干燥24h，取0.2g干燥后的样品于10mL HACH试管中，加入10mL正己烷与二氯甲烷（体积比1∶1），以40kHz的超声波超声萃取20min，在3000r/min下离心5min，取出上清液，过滤，用气相色谱测定污染物。每个样品测2次，取均值。

① 电压对电动力学修复效果影响的试验　从电动力学的机理我们可以看出，电压是电动力学修复过程中的一个重要的影响因子，电压的高低将直接影响电动力学修复的效果，所以电压将会是影响电动力学修复的重要因素之一。为了考察电压对电动力学修复的影响，我们分别考察了电压$V$为5V、10V、15V、20V的情况下电动力学修复效果。称取80g BDE-15浓度为100ng/g的高岭土，放入10.2cm×8cm×6cm的有机玻璃反应槽中，加入92mL蒸馏水，使高岭土的含水率为60%；为了保证土壤的导电能力，在土壤中添加5g NaCl作为电解质；调节土壤的初始pH到3，搅拌均匀。在电解槽的两端插入不锈钢片作为电极，电极的两端用导线连接到低压直流电源的两极。打开电源开关，调节电源电压到设定值，电动力学修复试验开始。试验每隔3h取一次样，整个试验运行12h。样品经过预处理后，进气相色谱仪测定，每个样品测2次，数据结果取2次结果的平均值。

② 反应时间对BDE-15迁移特性影响的试验　反应时间是影响化学反应的重要因素之一，化学反应只有在充足的时间内，才能达到最佳的反应效果。为了考察反应时间对电动力学修复效果的影响，试验设定反应时间为0h、3h、6h、9h、12h。称取80g BDE-15浓度为100ng/g的高岭土，放入10.2cm×8cm×6cm的有机玻璃反应槽中，加入92mL蒸馏水，使高岭土的含水率为60%；为了保证土壤的导电能力，在土壤中添加5g NaCl作为电解质；调节土壤的初始pH到3，搅拌均匀。在电解槽的两端插入不锈钢片作为电极，电极的两端用导线连接到低压直流电源的两极。打开电源开关，调节电源电压为15V，电动力学修复试验开始。样品经过预处理后，进气相色谱仪测定，每个样品测2次，数据结果取2次结果的平均值。

③ 土壤初始 pH 对 BDE-15 迁移特性影响的试验 pH 会影响土壤中溶解离子的浓度，及一些有机物的存在形态，从而影响电流的大小，因此对电动力学修复效果有重要的影响。为了考察 pH 对电动力学修复效果的影响，试验设定 pH 为 1、3、5、7、9。称取 80g BDE-15 浓度为 100ng/g 的高岭土，放入 10.2cm×8cm×6cm 的有机玻璃反应槽中，加入 92mL 蒸馏水，使高岭土的含水率为 60%；为了保证土壤的导电能力，在土壤中添加 5g NaCl 作为电解质；调节土壤的初始 pH，搅拌均匀。在电解槽的两端插入不锈钢片作为电极，电极的两端用导线连接到低压直流电源的两极。打开电源开关，调节电源电压为 15V，电动力学修复试验开始。试验每隔 3h 取一次样，每组试验运行 12h。样品经过预处理后，进气相色谱仪测定，每个样品测 2 次，数据结果取 2 次结果的平均值。

④ 电解质 NaCl 投加量影响的试验 电动力学修复试验中电流的大小受电解质浓度的影响，进而影响到电动力学修复效果。为了考察电解质对电动力学修复效果的影响，试验设定土壤电解质 NaCl 的添加量为 1g、3g、5g、7g。称取 80g BDE-15 浓度为 100ng/g 的高岭土，放入 10.2cm×8cm×6cm 的有机玻璃反应槽中，加入 92mL 蒸馏水，使高岭土的含水率为 60%；为了保证土壤的导电能力，在土壤中添加 NaCl 作为电解质；调节土壤的初始 pH 为 3，搅拌均匀。在电解槽的两端插入不锈钢片作为电极，电极的两端用导线连接到低压直流电源的两极。打开电源开关，调节电源电压为 15V，电动力学修复试验开始。试验每隔 3h 取一次样，每组试验运行 12h。样品经过预处理后，进气相色谱仪测定，每个样品测 2 次，数据结果取 2 次结果的平均值。

⑤ 土壤初始含水率对迁移特性影响的试验 为了考察土壤初始含水率对电动力学修复效果的影响，试验设定土壤初始含水率为 55%、60%、65%、70%。称取 80g BDE-15 浓度为 100ng/g 的高岭土，放入 10.2cm×8cm×6cm 的有机玻璃反应槽中，根据设定的含水率加入定量的蒸馏水；为了保证土壤的导电能力，在土壤中添加 5g NaCl 作为电解质；调节土壤的初始 pH 为 3，搅拌均匀。在电解槽的两端插入不锈钢片作为电极，电极的两端用导线连接到低压直流电源的两极。打开电源开关，调节电源电压为 15V，电动力学修复试验开始。试验每隔 3h 取一次样，每组试验运行 12h。样品经过预处理后，进气相色谱仪测定，每个样品测 2 次，数据结果取 2 次结果的平均值。

⑥ 环糊精对 BDE-15 迁移特性的影响 环糊精是一种增溶剂，土壤中环糊精的存在有利于吸附在土壤颗粒上的 BDE-15 解吸下来，进入孔隙水相，然后通过电渗析作用从土壤中去除。为了考察环糊精对电动力学修复效果的影响，试验

设定土壤中环糊精的添加量为0g、1g、3g、5g、7g。称取80g BDE-15浓度为100ng/g的高岭土，放入10.2cm×8cm×6cm的有机玻璃反应槽中，加入92mL蒸馏水，使高岭土的含水率为60%；为了保证土壤的导电能力，在土壤中添加5g NaCl作为电解质；调节土壤的初始pH为3，搅拌均匀。在电解槽的两端插入不锈钢片作为电极，电极的两端用导线连接到低压直流电源的两极。打开电源开关，调节电源电压为15V，电动力学修复试验开始。试验每隔3h取一次样，每组试验运行12h。样品经过预处理后，进气相色谱仪测定，每个样品测2次，数据结果取2次结果的平均值。

（2）电磁助快速修复多溴联苯醚污染土壤的运行参数研究

① 电压对电磁助修复的影响试验　电压是电动力学修复过程中的重要影响因素，有效控制电压可以提高修复效率，电压的大小将直接影响电动力学修复的电能消耗和电动力学修复效果，一般将电势梯度控制在0.4～2V/cm，当电势梯度在1V/cm左右时，电渗流最大，约为$10^{-4}$ $cm^3/(s \cdot cm^2)$。为考察电压对电磁助修复的影响，将电压分别设置为5V、15V、25V，添加相吸磁场，磁场强度为200mT，具体试验方法同3.2.2.2。

② 反应时间对电磁助修复的影响试验　反应时间分别设置为16h、32h、48h，分别研究在相吸磁场和相斥磁场的作用下，反应时间对电磁助修复的影响。磁场强度为200mT。

③ pH对电磁助修复的影响试验　土壤溶液中离子的吸附、溶解与土壤的pH直接相关。此外，pH还会对电磁助修复过程中的电渗作用、电迁移作用产生重要影响从而影响到污染物的迁移。为了研究pH值对电磁助修复的影响，本书分别进行了阴极酸化试验和阳极碱化试验。由于乙酸无毒无二次污染、低离子浓度对土壤的导电性能影响不大、可以减轻阴极区的极化现象，故阴极酸化试验以0.2mol/L的乙酸作为阴极室缓冲液，以自来水作为阳极液。阳极碱化试验以0.2mol/L的NaOH作为阳极室缓冲液，以自来水作为阴极液。添加相吸磁场，磁场强度为200mT。

④ 电极间距对电磁助修复的影响试验　电极间距会影响到电磁助修复的安装成本、运行成本以及处理效率。本书以高纯石墨板作电极，设计电极间距分别为10cm、12cm、14cm，分别研究在相吸磁场和相斥磁场的作用下，不同电极间距对电磁助修复的影响，磁场强度为200mT。

⑤ 磁场强度对电磁助修复的影响试验　磁场强度的大小会直接影响到磁场力的大小，本试验设置强度分别为0mT、100mT、200mT、300mT的磁场，分别研究在相吸磁场和相斥磁场的作用下，不同磁场强度对电磁助修复的影响。

⑥ 非均匀电场对电磁助修复的影响试验　均匀电场处理效率高，是最常用的电场添加方式，但非均匀电场具有运行稳定、对土壤性质影响小等优点。以均匀电磁助修复试验为对照，采用直径为1cm、长5cm的高纯石墨棒作为阴极电极和阳极电极，研究非均匀电场对电磁助修复的影响。石墨棒固定在电极室中心位置，调节电势梯度为15V，反应时间为48h，磁场强度为200mT。

### 3.3.2.2 运行参数优化

(1) 电压对迁移特性的影响　在电解质NaCl投加量为5g、pH为3、土壤含水率为60%的情况下，研究了电压对BDE-15迁移效果的影响。由图3-34可知，BDE-15的迁移效果随着电压的升高而增强，这是因为电动力学修复效果主要受土壤中离子的电迁移和空隙液形成的电渗流的影响。电渗流是指在外加电场下，分散介质通过多孔膜或极细的毛细孔向阴极移动，即固相不动而液相移动。电渗流速的计算公式为：

$$q_e = k_e i_e A = k_i I \tag{3-6}$$

式中 $q_e$——电渗流速，$cm^3/s$；

$k_e$——电渗渗透系数，$cm^3/(V \cdot s)$；

$i_e$——直流电压梯度，V/cm；

$A$——固相横截面积，$cm^2$；

$k_i$——水的迁移速率系数，$cm^3/(A \cdot s)$；

$I$——所加电流，A。

由式(3-6)可知，在其他因素不变的情况下，电压越高，电渗流速越大，电修复效果越好。而电迁移与电场强度成正比，电压升高使电场强度增大，使BDE-15在土壤中的富集程度增强。但是当电压达到20V时，迁移效果反而下降，究其原因：电压增大，土壤温度升高，增强了水分蒸发，且电解消耗部分水分，土壤含水率下降，导致系统中带电离子的流动性降低，体系阻力升高，电流下降。同时，在高电压下，电极上水解产生气泡（氢气和氧气）覆盖在电极表面，使电极表面包上了一层绝缘体，从而使电极的导电性下降，电流降低。且附着在阴极表面的难溶性盐阻碍了阴极的导电性，造成了阻性极化；而两极周围氢离子和氢氧根离子的浓度差导致浓差极化，这三种极化均使得氧化还原电位降低，从而使电流不断降低，导致体系的阻力增大，影响了BDE-15的修复效果。

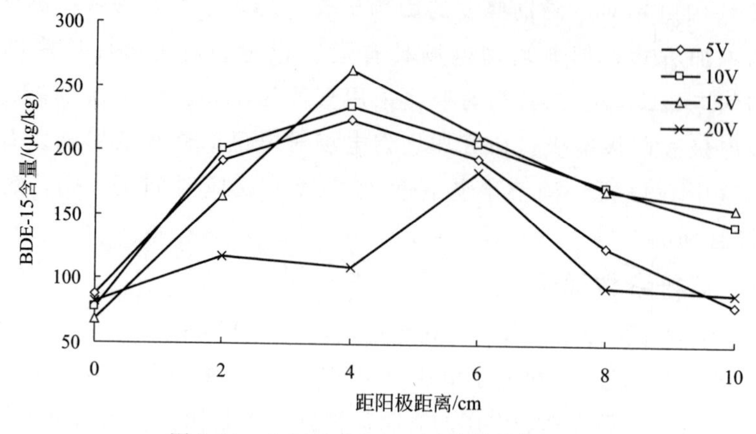


图 3-34　电压对 BDE-15 迁移效果的影响

（2）不同反应时间对迁移特性的影响　在电压梯度 1.5V/cm、电解质氯化钠投加量为5g、土壤初始 pH 为 3 时进行电动力学试验，以分析反应时间对沉积物中 BDE-15 迁移效果的影响，见图 3-35。试验开始时反应器中的 BDE-15 分布是均匀的，在电压梯度 1.5V/cm 下运行 2h、4h、6h、8h 后，可以发现 BDE-15 的分布曲线都有峰值，这表明电场能加速土壤中 BDE-15 的运移。运行 2h、4h、6h 和 8h 时 BDE-15 的最大浓度分别在距阳极 4cm、4cm、6cm 和 6cm 处。BDE-15 在高岭土中存在此种迁移特性，与电迁移的机理有关，在电动力学作用下，土壤孔隙水由于电渗析作用向阴极运动，从而对存在于孔隙表面和孔隙水中的 BDE-15 产生冲刷和拖动作用，使其解吸附并向阴极运动。同时，BDE-15 是弱极性的有机分子，并以电迁移的方式向阳极运动，土壤中的 BDE-15 同时受电渗流和电迁移驱动，实际的迁移速率和方向取决于起主要作用的驱动力。反应 8h 时，土壤的迁移效果降低的原因，可能是电解反应改变了土壤的 pH，从而改变了土壤的 zeta 电位，使电渗流反向流动，BDE-15 的富集效果减弱。

（3）土壤初始 pH 对迁移特性的影响　为了分析 pH 值的影响，分别研究了土壤初始 pH 为 1、3、5、7、9 时 BDE-15 的迁移差异。其他因素设定值为：电压梯度 1.5V/cm、电解质氯化钠投加量为 5g，反应时间 11h。图 3-36 显示，反应 11h 后，各 pH 条件下 BDE-15 的最大浓度均出现在距阳极 6cm 处，且各条曲线的变化趋势相似，其中 pH＝1、pH＝3、pH＝5、pH＝7、pH＝9 时，距阳极 6cm 处 BDE-15 的含量 11h 内平均增加 27％、35％、23.7％、19.4％、10.5％。这表明，在偏酸性环境下 BDE-15 的迁移效果较好。这是因为酸性条件下，金属离子溶解，使电流强度增强，电渗流增强。另外，pH 升高还会有沉淀生成，沉

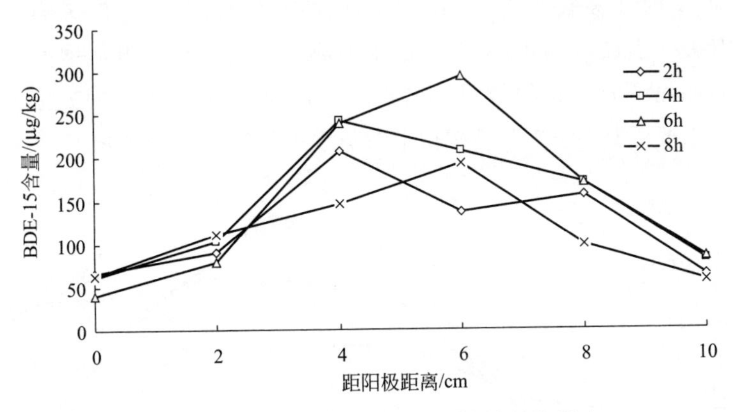


图 3-35　反应时间对 BDE-15 迁移效果的影响

淀降低了孔隙流中离子的浓度，即降低了这个区域的电导率，这将致使电迁移和电渗析的作用减弱。$k_e$ 的大小受 zeta 电位、流体的黏度、土壤的孔隙率和土壤介质的电导率决定。研究发现，pH 减小，zeta 电位呈线性减小趋势。从理论上说，电动力学处理过程中 pH 的减小可引起 zeta 电位减小，从而使电渗流减弱。另外，在电场的作用下，阴极产生的 $OH^-$ 将沿着土柱向阳极移动，而带正电金属离子则在电场的作用下向阴极移动，这样金属离子将与 $OH^-$ 在土壤中某点相遇，并生成重金属沉淀，即 pH 聚焦效应。该过程不但影响电动力学修复的效果，还可能堵塞土壤微孔，只是土壤的电导率下降，修复效果降低。

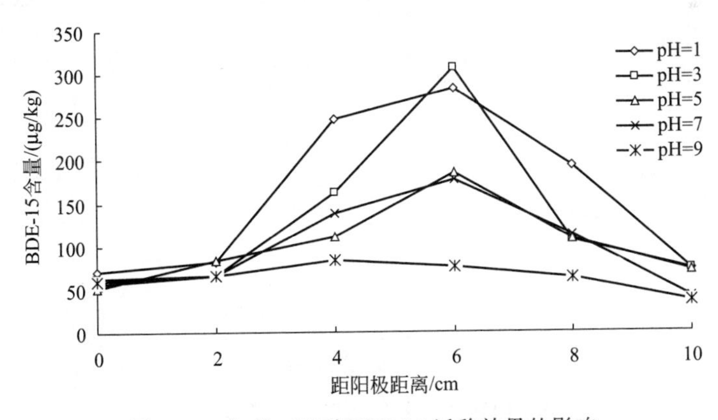


图 3-36　初始 pH 对 BDE-15 迁移效果的影响

（4）电解质 NaCl 投加量对迁移特性的影响　图 3-37 是在电极电压梯度为 1.5V/cm、初始 pH 为 3、反应 11h 的条件下，NaCl 投加量对 BDE-15 迁移效果的影响。由试验结果可知，BDE-15 的迁移效果随着 NaCl 投加量的增加而增强，当投加量为 5g 时迁移效果最好，继续增加投加量对迁移效果的影响不大。这与迁移原理有关，当加入 NaCl 后，土壤中的离子浓度增加，电流增大，电渗流速增加，从而加强了电迁移的效果。当投加量超过 5g 后，BDE-15 的迁移效果变化不大，这主要受到 NaCl 在沉积物中空隙水中的溶解度的影响。

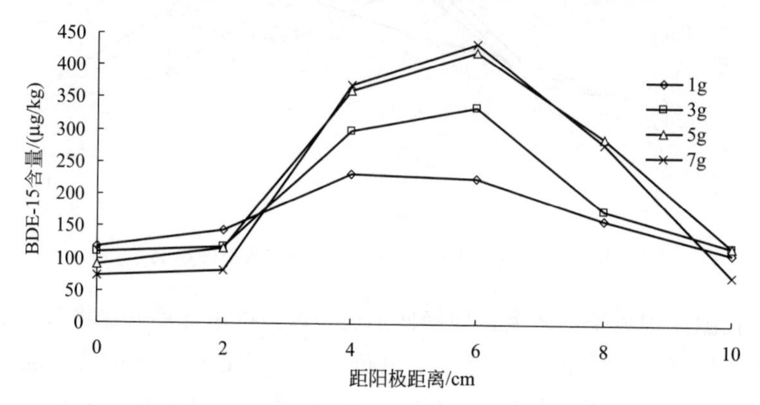


图 3-37　NaCl 投加量对 BDE-15 迁移效果的影响

（5）土壤初始含水率对迁移特性的影响　固定电压梯度为 1.5V/cm，NaCl 投加量 5g，初始 pH 为 3，考察初始含水率对 BDE-15 迁移效果的影响。试验结果如图 3-38 所示。

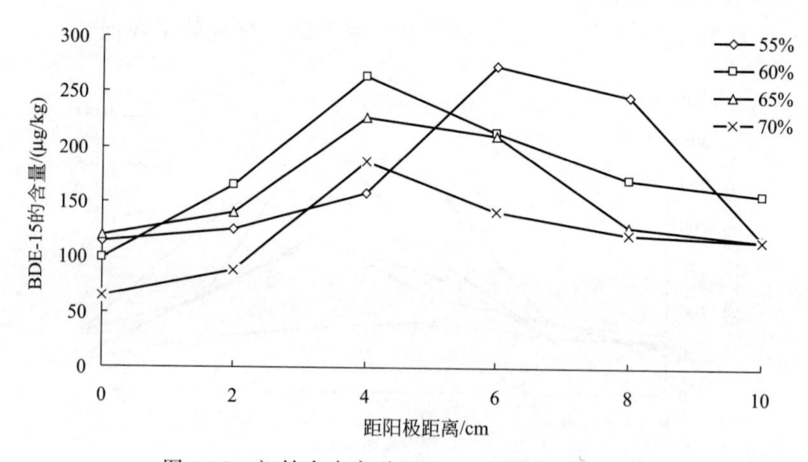


图 3-38　初始含水率对 BDE-15 迁移效果的影响

由试验结果可知，含水率在 60%时，迁移效果最好，继续增大含水率，迁移效果反而下降。这是因为通过土壤的电流与其中可迁移离子的浓度密切相关。含水率增大，土壤中的可迁移离子浓度降低，电流降低，从而导致迁移效果下降。

（6）环糊精对迁移特性的影响　图 3-39 是在电极电压梯度为 1.5V/cm、初始 pH 为 3、NaCl 投加量 5g、反应 11h 的条件下，环糊精投加量对 BDE-15 迁移效果的影响。从图中可以看出，添加环糊精后，BDE-15 的迁移效果明显增加。大量的文献报道了持久性有机物能与环糊精按一定的计量关系形成配合物，以 1∶1 的配合体居多。Wang 等研究了环糊精对一系列不同疏水性的非离子、低极性有机物（nonionic，low-polarity organic chemicals，NOCs）增溶效果和已有的表面活性剂增溶模型的基础上，得出如下关系：

$$S_t/S_0=1+K_{CW}X_{CD} \tag{3-7}$$

式中　$S_t$——溶质在环糊精溶液中的表观溶解度，g/100g；

$S_0$——溶质在纯水中的表观溶解度，g/100g；

$K_{CW}$——溶质在水和环糊精空腔间的分配系数，仅与溶质（疏水性）和环糊精性质有关；

$X_{CD}$——环糊精溶液的浓度，kg/L。

由式(3-7) 可知，NOCs 在环糊精溶液中相对于水相的溶解度随着环糊精浓度的升高而线性增大。多环芳烃（polycyclic aromatic hydrocarbons，PAHs)、多氯代苯（酚)、杀虫剂、NADPL 等在内的 NOCs 增溶数据的验证已验证了这一结果。

对于土壤中的疏水性 BDE-15 来说，环糊精强化解吸是通过其跟 BDE-15 形成可溶性的环糊精-BDE-15 配合物，从而将吸附在土壤中的污染物溶解并解吸，并在电渗析的作用下在土壤中迁移。由图 3-39 中可以看出，当环糊精添加量增加到 5g 和 7g 时，迁移效果变化不大，是由于环糊精添加过量，对 BDE-15 的络合能力达到最大值。

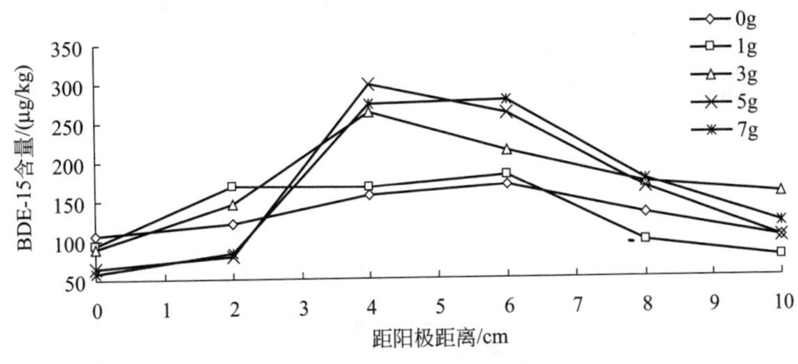


图 3-39　环糊精对 BDE-15 迁移效果的影响

### 3.3.2.3　电磁助快速修复多溴联苯醚污染土壤的运行参数优化

（1）电压对电磁助修复的影响　图 3-40 显示了相吸磁场作用下不同电压下 BDE-15 浓度的变化。从图中可以看出，相吸磁场作用下施加不同的电压对

BDE-15 浓度变化影响较大。当施加电压为 5V 时，土壤中的 BDE-15 迁移效果不明显。随着电压增大，电场梯度增大，电流也随着增大，污染物的迁移随之增强。施加电压为 15V 时，电势梯度接近 1V/cm，此时的电渗流最大，所以电压为 15V 时的修复效果最好，出现明显的富集作用。但当电压增大到 25V 时，BDE-15 的迁移效果下降。

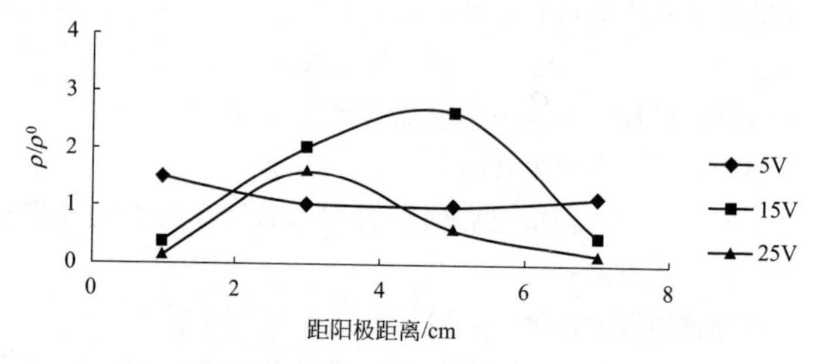


图 3-40　相吸磁场作用下不同电压下 BDE-15 浓度的变化

电压为 5V 时，BDE-15 浓度变化不大，各土壤区域 BDE-15 浓度分布较平缓，说明污染物的迁移不完全。在电压为 15V 和 25V 时，土壤各区域的 BDE-15 浓度分布均呈倒扣“碗形”，但污染物的主要富集位置不同：电压为 15V 时，BDE-15 大量富集在距阳极 5cm 处，$\rho/\rho^0$ 最大值为 2.66；电压为 25V 时，BDE-15 主要富集在距阳极 3cm 处，$\rho/\rho^0$ 最大值为 1.61。

图 3-41 显示了相斥磁场作用下不同电压下 BDE-15 浓度的变化。从图中可以看出，相斥磁场作用下施加不同的电压对 BDE-15 浓度变化趋势影响不大，各土壤区域浓度分布皆呈上升趋势。与相吸磁场试验类似，当电压为 15V 时的修复效果最好，此时的电势梯度接近 1V/cm，电渗流最大，阴极附近土壤的 $\rho/\rho^0$ 值最大，为 1.31。

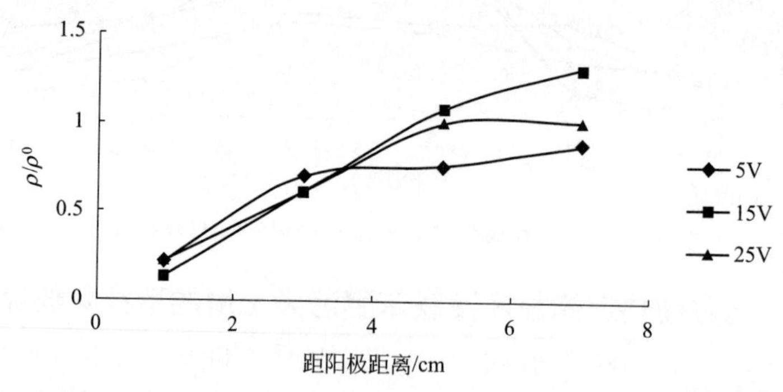


图 3-41　相斥磁场作用下不同电压下 BDE-15 浓度的变化

（2）反应时间对电磁助修复的影响　图 3-42 显示了在相吸磁场作用下土壤中 BDE-15 浓度分布随着反应时间的变化。对于相吸磁场试验，在反应 16h、32h、48h 后，BDE-15 浓度分布在距阳极 5cm 处均出现峰值，$\rho/\rho^0$ 最大值分别为 1.18、1.36、2.66，靠近阳极附近的 BDE-15 浓度较低，说明电磁助修复起到了加速富集 BDE-15 的作用。

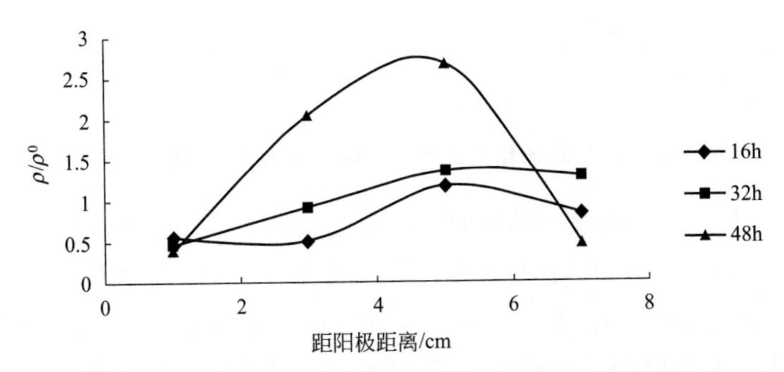


图 3-42　相吸磁场作用下不同反应时间 BDE-15 浓度的变化

比较反应 16h、32h、48h 后 BDE-15 浓度曲线可以发现，随着时间的推进，阴极附近的浓度呈先增长后降低的趋势。这可能是与电渗流方向的改变相关，有机污染物以电渗析作用为主，随着孔隙液体通过土壤向阴极迁移，但随着修复过程的进行，土壤的性质会发生改变，其表面电荷的极性也可能发生改变，从而使电渗流的方向发生逆向改变。由于受电渗析和电迁移的双向驱动，磁场力也会影响污染物迁移的性能和方向。

虽然随着时间的推移，污染物的富集作用增强，但反应时间的延长会增加电能能耗，使电磁助修复处理成本增大，限制其经济可行性，所以应根据修复需要控制反应时间。

图 3-43 显示了在相斥磁场作用下土壤中 BDE-15 浓度分布随着反应时间的变化。通过比较图 3-42 和图 3-43，可以发现在反应 16h 后，相斥磁场作用下的 BDE-15 浓度分布曲线与相吸磁场试验相似，但随着时间的增加，相吸、相斥磁场作用下 BDE-15 迁移分布开始出现显著差异。这说明磁场对修复过程的影响在较长时间内才能显示效果。与相吸磁场试验相似，32h 后 BDE-15 向阳极方向迁移，出现反方向迁移趋势，48h 后大量 BDE-15 富集在阴极附近。

（3）pH 对电磁助修复的影响　阴极酸化试验反应结束之后，从阳极向阴极土壤各区域的 pH 值分别为 2、2、7、11，土壤酸碱交锋界面在距阳极 5cm 处，土壤表面沿着酸碱交界面有裂缝出现。与阴极酸化试验相比，阳极碱化试验的 pH 值较高，酸碱交界锋面向阳极迁移，从阳极向阴极土壤各区域的 pH 值分别

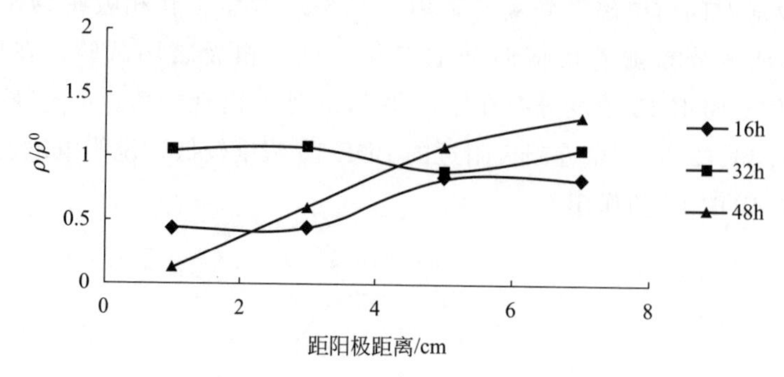


图 3-43 相斥磁场作用下不同反应时间 BDE-15 浓度的变化

为 3、7、9、12，土壤酸碱交界锋面在距阳极 3cm 处，土壤表面沿着酸碱交界面有裂缝出现。酸碱交界面处出现土壤断裂，推测这与 pH 的突变有关，在电磁助修复过程中水电解产生的 $H^+$ 和 $OH^-$ 分别向阴、阳两极迁移，在土壤酸碱交锋界面处相遇，$H^+$ 和 $OH^-$ 中和生成 $H_2O$ 分子，破坏了原有土壤液体流动的孔隙结构，随着含水率的降低土壤表面开始出现裂缝。土壤裂缝的出现也可能与电渗析和电迁移速率的不稳定有关。

图 3-44 是在相吸磁场作用下，经过阴极酸化试验的 BDE-15 浓度分布图。以 0.2mol/L 的乙酸作为阴极室缓冲液，以自来水作为阳极液，反应 48h 后 BDE-15 浓度最小值出现在距阳极 5cm 处，阴阳极附近浓度较大，与电极液未作处理的浓度分布曲线呈相反趋势。阴极酸化试验整体分布趋势呈“碗形”，主要原因是从阳极到距阳极 5cm 处土壤的 pH 值较低，电渗流方向会发生逆向改变，BDE-15 也会随之变为向阳极方向迁移，而从距阳极 5cm 处到阴极处土壤的 pH 值较高，有机污染物会因为电渗流作用而向阴极聚集。

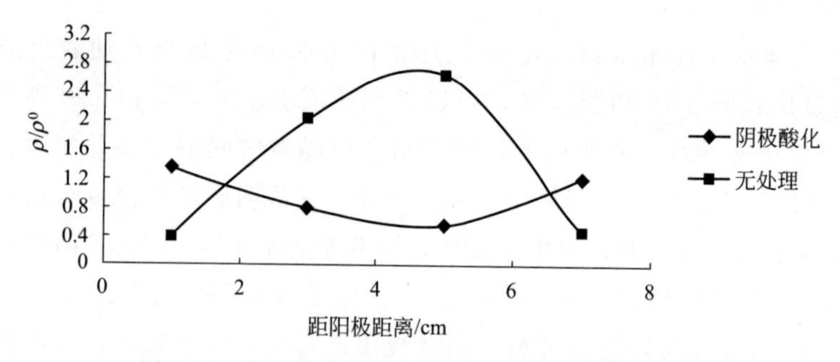


图 3-44 阴极酸化试验结束后 BDE-15 浓度的变化

图 3-45 是在相吸磁场作用下，经过阳极碱化试验的 BDE-15 浓度分布图。以 0.2mol/L 的 NaOH 作为阳极室缓冲液，以自来水作为阴极液，反应 48h 后

BDE-15 浓度最大峰值出现在距阳极 5cm 处，$\rho/\rho^0$ 最大值为 1.84，阴阳极附近浓度较小，整体分布趋势与电极液未作处理的浓度分布曲线相似。

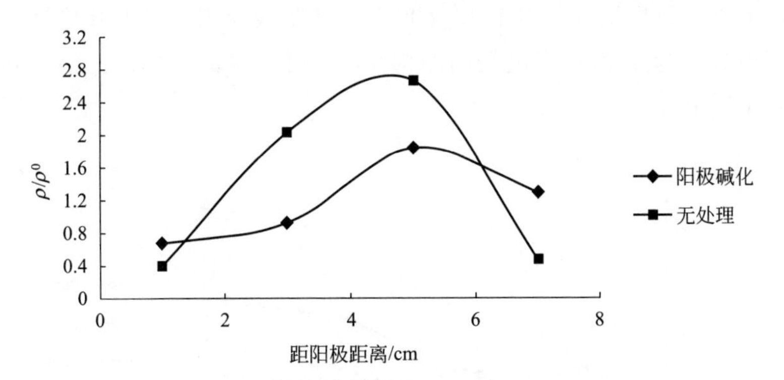


图 3-45　阳极碱化试验结束后 BDE-15 浓度的变化

（4）电极间距对电磁助修复的影响　通过不同电极间距电磁助修复试验可以发现，电极间距设置的不同会影响到电流的变化，电极间距越大，体系的整体电阻就越大，电流也就越小，会影响到修复效果。

图 3-46 显示了在相吸磁场作用下，不同电极间距对 BDE-15 浓度变化的影响。当电场间距为 10cm 时，BDE-15 浓度分布曲线在距阳极 5cm 处出现峰值，$\rho/\rho^0$ 最大值为 1.27；当电场间距为 12cm 时，电磁助修复效果最好，BDE-15 大量富集在距阳极 5cm 处，$\rho/\rho^0$ 最大值为 2.66；当电场间距为 14cm 时，BDE-15 浓度分布趋势平缓，迁移效果不明显。12cm 电极间距的电磁助修复效果要优于 10cm 电极间距，可能是因为其电势梯度更接近于 1V/cm，对有机污染物迁移起主要作用的电渗析作用更强。14cm 电极间距的电磁助修复由于电流较弱，土壤中的污染物迁移效率也比较低。

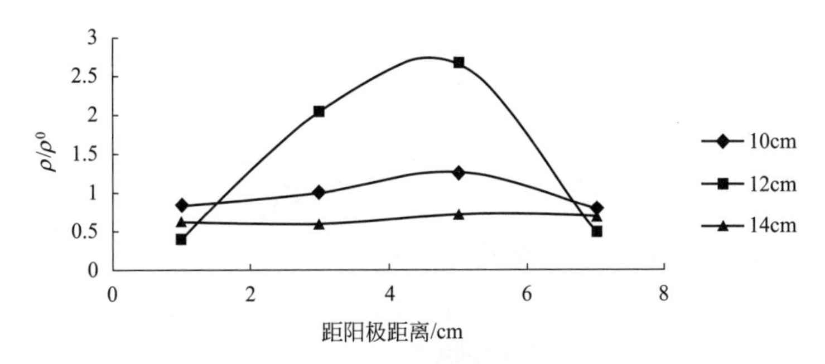


图 3-46　相吸磁场作用下不同电极间距 BDE-15 浓度的变化

图 3-47 显示了在相斥磁场作用下，不同电极间距对 BDE-15 迁移分布的影

响。当电场间距为 10cm 时，BDE-15 浓度分布曲线从阳极向阴极呈先平缓后上升趋势，BDE-15 主要富集在阴极处，$\rho/\rho^0$ 最大值为 1.27；当电场间距为 12cm 时，电磁助修复效果最好，BDE-15 浓度分布从阳极向阴极呈上升趋势，$\rho/\rho^0$ 最大值在阴极处，为 1.31；当电场间距为 14cm 时，BDE-15 浓度分布趋势平缓，迁移效果不明显。

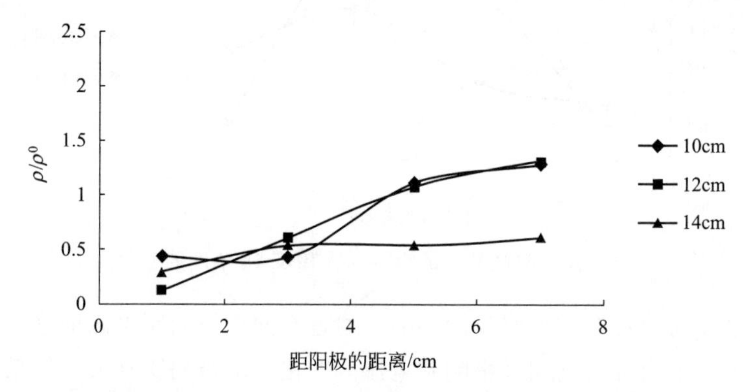


图 3-47　相斥磁场作用下不同电极间距 BDE-15 浓度的变化

（5）磁场强度对电磁助修复的影响　图 3-48 显示了在相吸磁场作用下，不同强度磁场对 BDE-15 浓度分布的影响。从图中可以看出，在相吸磁场作用下电磁助修复效果并不随着磁场强度的增加而增加，在 200mT 强度磁场作用下的修复效果最好。BDE-15 浓度在低强度相吸磁场作用下，BDE-15 浓度分布规律相似，大部分的 BDE-15 迁移富集在阴极附近，其他土壤区域污染物浓度较低。随着磁场强度的增加，BDE-15 向土壤中间位置迁移，当强度为 200mT 和 300mT 时，BDE-15 在距阳极 5cm 处富集，整体浓度分布呈倒扣“碗形”。由此可推测相吸磁场的磁场力可能有阻碍 BDE-15 向阴极迁移、改变其迁移性能的作用。

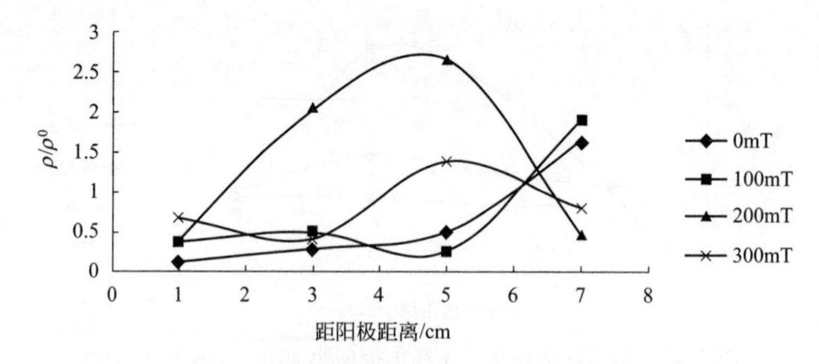


图 3-48　不同磁场强度的相吸磁场作用下 BDE-15 浓度的变化

图3-49显示了在相斥磁场作用下，不同强度磁场对BDE-15浓度分布的影响。由图可以看出，在不同强度相斥磁场的作用下，BDE-15浓度分布从阳极向阴极均呈上升趋势，BDE-15主要富集在阴极处。与相吸磁场试验相似，相斥磁场作用下电磁助修复效果并不随着磁场强度的增加而增加，在200mT强度磁场作用下的修复效果较好。

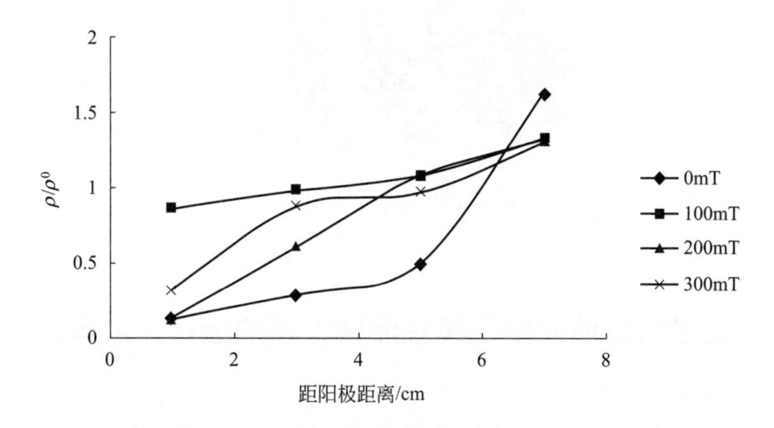


图3-49 不同磁场强度的相斥磁场作用下BDE-15浓度的变化

（6）非均匀电场对电磁助修复的影响　在相吸磁场和非均匀电场作用下，反应进行48h后，土壤中BDE-15浓度的空间分布如图3-50所示。由图可以看出，与S1、S3取样线相比，S2线区的BDE-15迁移程度比较高，主要富集于距阳极5cm处，$\rho/\rho^0$最大值为1.51。这是因为S1、S2、S3线区电场场强分布不均匀，S2线区的电场强度较大，电动力修复作用也较强。

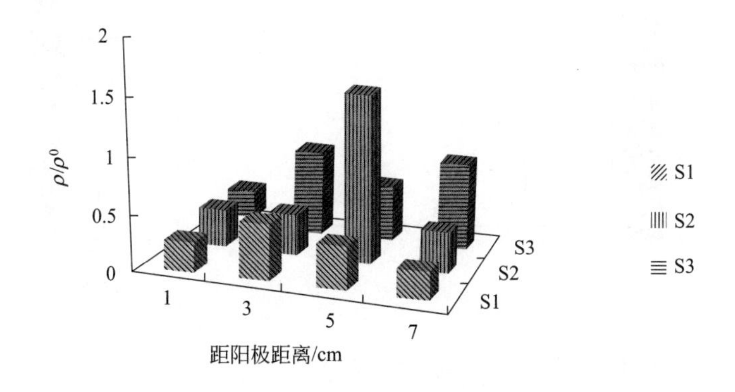


图3-50 相吸磁场作用下BDE-15浓度的空间分布

在相斥磁场和非均匀电场作用下，反应进行48h后，土壤中BDE-15浓度的空间分布如图3-51所示。由图可以看出，相斥磁场作用下的BDE-15整体迁移程度比相吸磁场差，各取样点的浓度变化规律性不强。

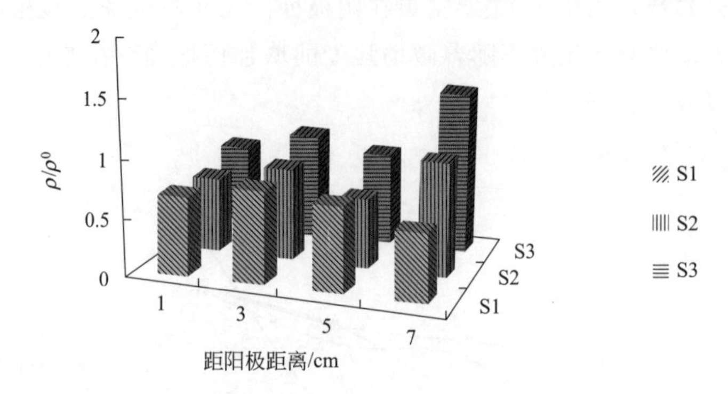


图3-51　相斥磁场作用下BDE-15浓度的空间分布

## 3.3.3　电磁助快速修复三氯生污染土壤的运行参数优化

### 3.3.3.1　试验方法

（1）试验装置　装置由有机玻璃组装而成，长方体状，整个应装置长20cm，宽10cm，高10cm，有机玻璃板厚0.3cm。磁强化电动力学修复反应装置如图3-52所示，它包括电极槽（阳极槽和阴极槽）和土壤室（由阳极至阴极按等距离划分为阳极区、中间区、阴极区）。

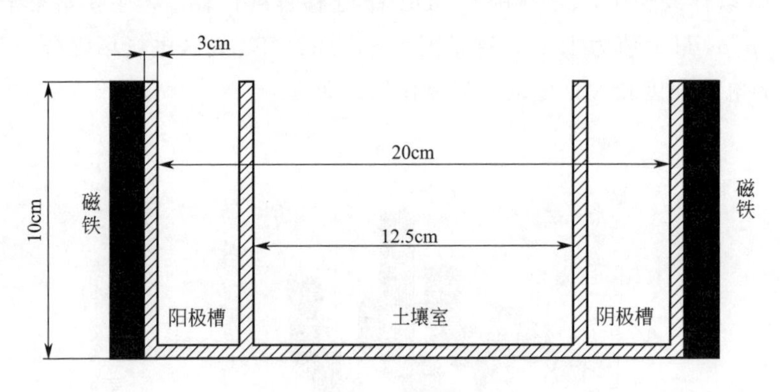


图3-52　试验装置

此外，磁场强化电动力学修复系统还包括一对柱状（片状）石墨电极（长10cm，底面直径1cm），直流电源（0～60V），一对极性相对的磁铁块。石墨电极竖直插入电极槽内，电极槽与土壤室之间用带孔的有机玻璃板隔开，有机玻璃隔板孔直径1cm。直流电源提供恒定电压梯度的电压。成对磁铁置于反应器两端外壁，本次试验共设置两组磁铁块，其磁场强度为40mT和80mT，不设置磁铁的试验组是纯电动力学修复，磁场强度为0mT。反应器土壤室可容纳1.2kg的模拟污染土壤；在两电极槽内装入未被污染的高岭土，一方面使电极与污染土壤隔离，另一方面电解液定期加入电极槽的土壤中，避免对土壤室内夯实的土壤造成冲击。

电动力学修复过程中电解液不断消耗，为保证试验顺利进行。在两电极槽内装入未被污染的高岭土，每隔24h向两电极槽投加定量的电解液。

（2）模拟污染土壤制备　试验中采用高岭土模拟实际土壤。模拟污染土壤的污染物质量浓度为10000mg/kg、5000mg/kg和1000mg/kg（1%、0.5%和0.1%），此系列浓度大于EPA所报道的土壤污染实际浓度，以确保准确的检测土壤中污染物以及评估其在土壤中的迁移/转化效果。三氯生模拟污染土壤制作方法为将1.2kg的土壤与100mL溶解固定质量三氯生的正己烷充分混合，搅拌均匀。通风橱内放置24h，使正己烷充分挥发。然后，分别与300mL、420mL和540mL自来水电解液充分混合，模拟污染土壤含水率分别为25%、35%和45%。最后，将制作的土壤填入土壤修复反应器内。

（3）样品预处理　液相中三氯生的富集：首先是溶液中三氯生的富集，量取一定体积水样后用0.45μm的水系滤膜过滤，以去除液体中的颗粒物等，过滤液保存在棕色试剂瓶内，冰箱保存。量取100mL水样用二氯甲烷超声萃取两次，每次使用20mL二氯甲烷，第一次萃取30min，第二次超声萃取15min，合并萃取液。取10mL萃取液旋蒸至2～3mL，在室温下用柔和的$N_2$二次浓缩吹干，然后用甲醇再次溶解，定容到1mL，以待高效液相检测。

土壤中三氯生的回收：称取1.0g的三氯生，50mL的甲醇分别超声萃取两次，第一次超声萃取30min，第二次超声萃取15min，合并萃取液。取1mL萃取甲醇定容到10mL，0.45μm的尼龙有机滤膜过滤后进行液相检测。所有检测样品均设3个平行检测样本。

（4）高效液相色谱检测　试验中使用的高效液相色谱仪型号为Shimadzu 2010A，应用C-18色谱柱（Inertsil ODS-3，250mm×4.6mm，GL Science）。流动相为甲醇和水，且$V$(甲醇)∶$V$(水)=90∶10，进样速率为1mL/min，进样量为每次10μL，检测波长281nm，柱温40℃。

三氯生标准曲线：精确称取三氯生标准样品，以甲醇作溶剂配制100mg/L的三氯生标准液，将标准液逐级稀释，配制0.2mg/L、0.4mg/L、0.6mg/L、1.0mg/L、2.0mg/L、3.0mg/L、4.0mg/L、5.0mg/L、10mg/L系列质量浓度溶液，在已建立的色谱条件下依次检测，三氯生浓度与峰面积呈线性相关，所取得的标准曲线如图 3-53 所示。

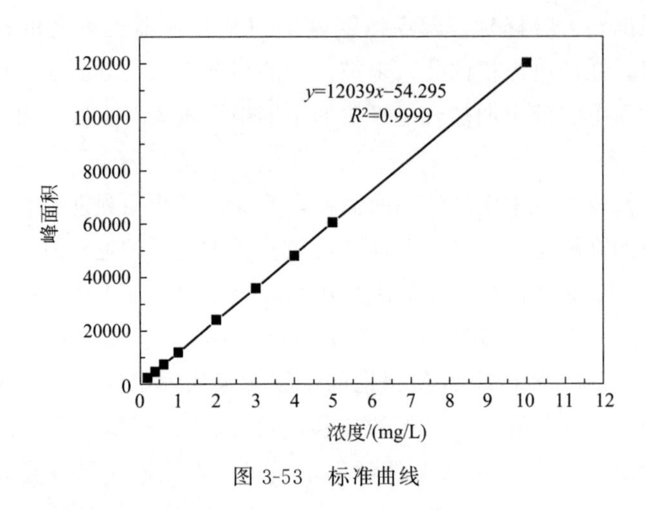


图 3-53 标准曲线

### 3.3.3.2 运行参数优化

（1）土壤含水率对电磁修复的影响　不同含水率条件下土壤中电流的变化情况由图 3-54 可知。MFE-EK001、MFE-EK002 和 MFE-EK003 试验组在 7 天修复时间内的最大电流分别为 10mA、25mA 和 35mA。可见土壤含水率越大，土壤的电阻越小，最大电流越大。MFE-EK001 土壤含水率低，不仅电流小而且在试验过程的前 40h 内都没有电流，这显然不适于开展电动力学修复试验，MFE-EK003 试验中土壤含水率高，最大电流也大，但是由图 3-54 可知，电流在 120h 以后开始急剧衰减，这对电动力学修复的时间具有一定限制。

不同初始含水率条件下三氯生的浓度分布见图 3-55。MFE-EK001、MFE-EK002 和 MFE-EK003 三组试验中阳极区（距离阳极距离为零的点）污染物去除率最大，这是因为污染物是随着电渗流作用向阴极迁移。MFE-EK001、MFE-EK002、MFE-EK003 阳极区污染物的去除率分别为 8%、21%和 19%。可见当土壤含水率过高或者过低时都不利于电动力学修复的进行，尽管土壤含水率高时可以整体降低土壤电阻，但是污染物的迁移率反而降低了，造成这种现象的原因可能是土壤含水率过高引起土壤渗透性增大，土壤中的水分在重力的作用下向土壤下层迁移，造成土壤中溶液分布不均匀，电渗流无法正常进行。由此可见，土壤含水率为 35%时是磁强化电动力学修复的最佳条件。

（2）电极形状对电磁助修复的影响　电极的形状会影响整个土壤室内电场的分布状况，那电极是否会影响电流和污染物的去除效果是需要讨论的。电极对土壤中电流的影响可以由图 3-56 看出。MFE-EK004 和 MFE-EK005 试验组

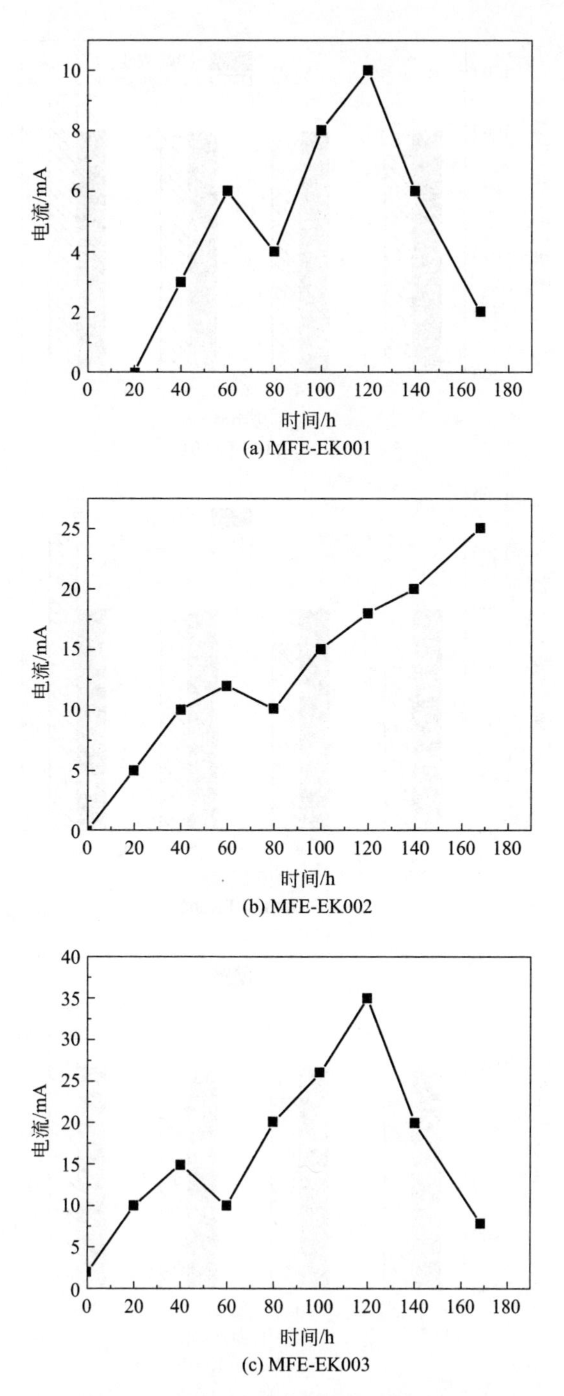


图 3-54　不同含水率条件下土壤中的电流

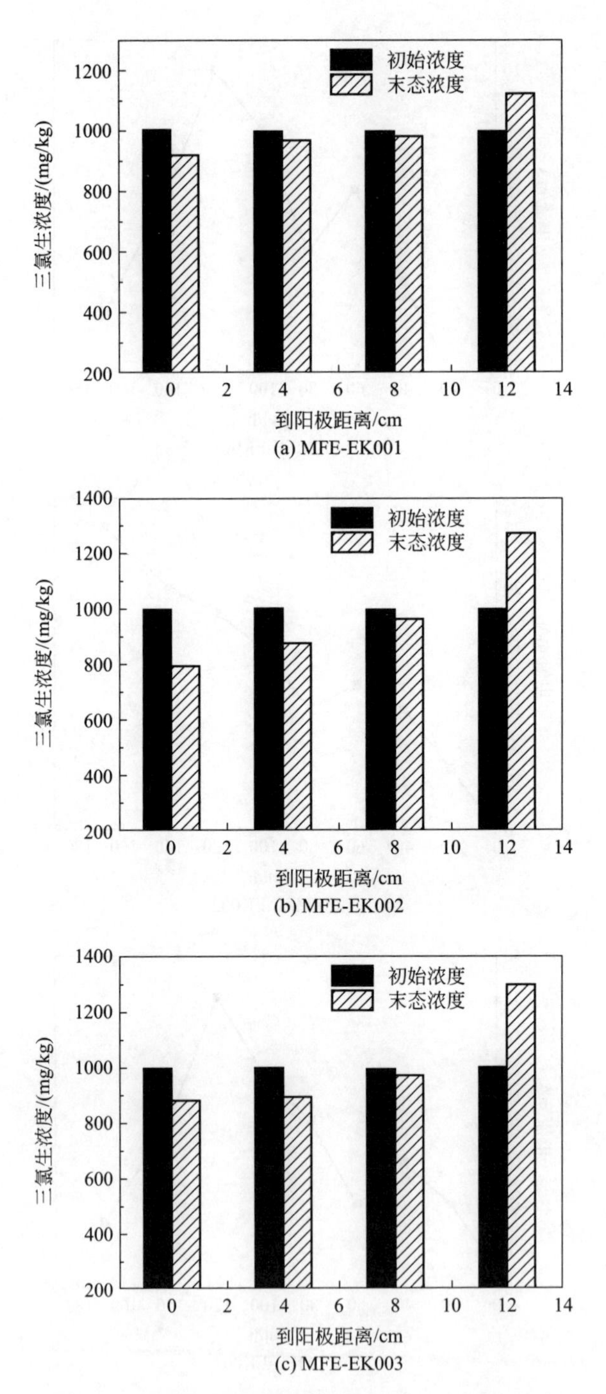


图 3-55　不同初始含水率条件下三氯生的浓度分布

中电流都有明显的波动，且总体呈波动上升状，MFE-EK004 电流从 120h 开始减小，而 MFE-EK005 试验中电流持续到接近 140h 以后开始下降。可知，相同试验条件下，片状石墨电极相对于柱状石墨电极能够使试验体系电流持续时间延长。

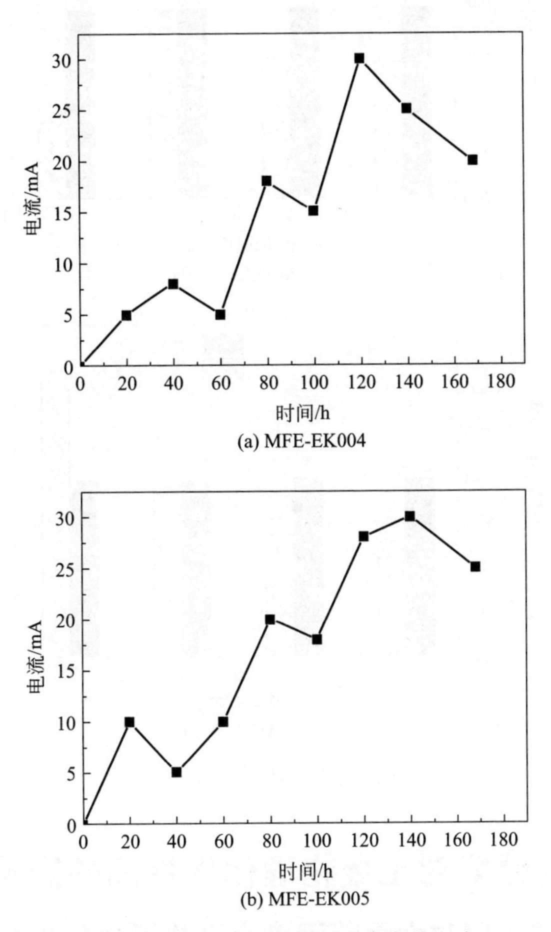

(a) MFE-EK004

(b) MFE-EK005

图 3-56　不同电极条件下土壤中的电流

电极的形状对污染物迁移效果的影响由图 3-57 可知。MFE-EK004 和 MFE-EK005 试验组中污染物浓度从阳极到阴极增大，可以明显看出试验组 MFE-EK005 的土壤区距离阳极 0～8cm 区域内三氯生浓度显然低于 MFE-EK004，这表明片状石墨电极对于污染物具有更好的迁移效果。片状电极能够在土壤室内形成更为均匀的电场，有利于电渗流，因此更适用于磁强化电动力学修复试验。

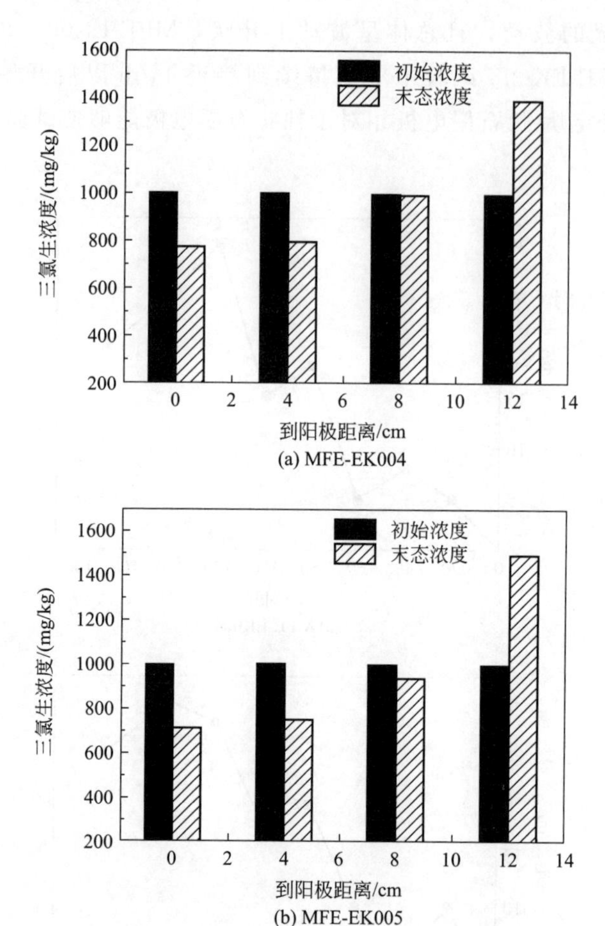


图 3-57 不同电极条件下三氯生的分布状况

## 3.4 电磁助修复对土壤物理化学性质的影响

### 3.4.1 电磁助修复对六氯苯污染土壤物理化学性质的影响

#### 3.4.1.1 试验方法

（1）模拟土壤的配制 某地块土壤中 HCB 平均浓度达到 670.8mg/kg，最高达到 1200mg/kg。为了制备 HCB 浓度一定的土壤样品，首先要制备模拟土壤样品。在江苏大学实验室前树林中选取适量的干燥土块。风干，研磨，然后过 1 筛（100 目标准筛），将筛后细粉状土储存在 1000mL 广口瓶中备用。

（2）试验方法 试验时，取该土 80g［经分析，其中所含 HCB 浓度（以单位质量干重计）约为 0.0044mg/kg］，放入一个 11.3cm×6.0cm×8.0cm 的有机玻璃反应器，加去离子水 50mL，称取一定量的 HCB 晶体，用甲苯溶解成溶液，倒入泥浆中，搅拌均匀。按 HCB 含量（以单位质量干重计）1000mg/kg 配制模拟土壤。加入一定量的氯化钠，加 10%的稀硫酸或 1mol/L 的氢氧化钠溶液调整样品的 pH 值，然后插入电极（间距 10cm），接通直流电源，在静态下进行电动力学反应。本试验的电极采用不锈钢片（厚 0.8mm），有效接触面积为 10.6cm$^2$。

### 3.4.1.2　电磁助快速修复过程对六氯苯污染土壤理化性质的影响

（1）对土壤含水率的影响　如图 3-58 所示为电极电压 15V，初始 pH 为 3，NaCl 投加量 5g，反应 3h 后反应槽中不同位置含水率的变化。

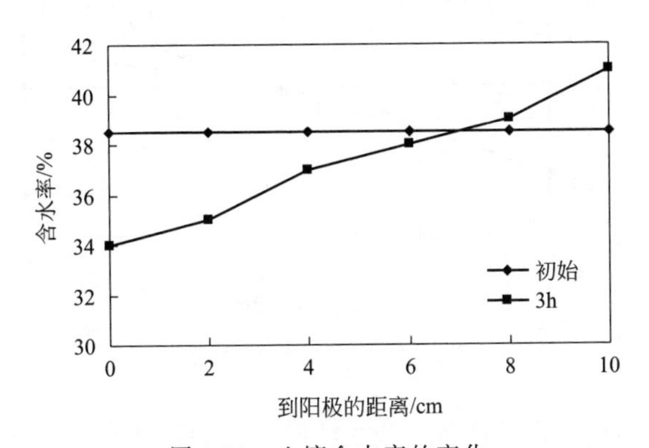


图 3-58　土壤含水率的变化

用烘干法（105℃）测定了试验土壤含水量的空间变化，结果如图 3-58 所示。阳极区土壤含水量逐渐减少，而阴极区土壤含水量略有增加。这表明，土壤孔隙水向阴极区发生了迁移。

Virkutyte 等研究证实，土壤孔隙中的电渗析作用的产生源于土壤表面带负电荷，并与土壤孔隙水中的离子形成扩散双电层，该双电层引起孔隙水沿电场从阳极向阴极方向运动。双电层电渗流速可描述为：

$$U_{eo}=(\epsilon\zeta n/\eta\sigma)\times i_e \tag{3-8}$$

式中　$U_{eo}$——双电层电渗流速，mm/s；

$\epsilon$——介质的介电常数，F/m；

$\zeta$——zeta 电位，mV；

$n$——孔隙率，%；

$\eta$——液体黏度，g/(cm・s)；

$\sigma$——电导率，S/m；

$i_e$——电压梯度，V/mm。

由式(3-8)可知，电渗流的方向取决于 zeta 电位。即在电动力学作用下，土壤孔隙水迁移方向与土壤 zeta 电位的符号有关。本试验模拟土壤为自然土配制，其 zeta 电位为负，电渗流是从阳极到阴极，本书亦证实了这一点。同时由于水的电解反应和电流产热蒸发作用，反应体系中总的含水率是不断降低的。

(2) 对土壤 pH 的影响　如图 3-59 所示为电极电压 15V，初始 pH 为 3，NaCl 投加量 5g，反应一定时间后反应槽中不同位置 pH 的变化。

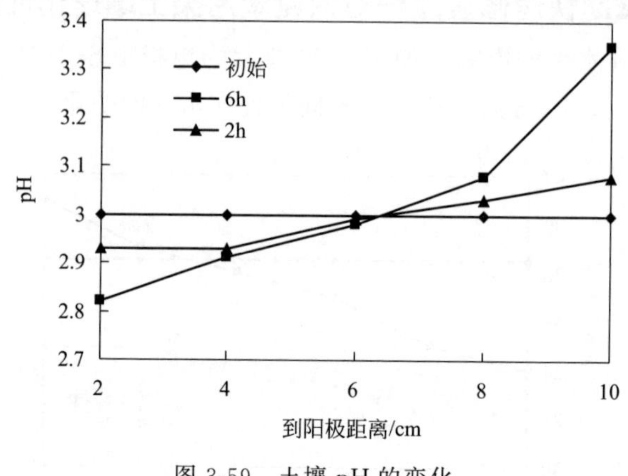


图 3-59　土壤 pH 的变化

由图 3-59 可知，阳极区附近土壤 pH 降低，阴极区附近土壤 pH 升高，而且取样点离电极区越近，土壤 pH 变化越显著。这是因为电动力学修复过程中伴随着多种物质在电极上的反应，其中电极的化学反应主要是水的电解反应，主要反应式如下：

阳极　$2H_2O-4e^- \longrightarrow O_2\uparrow +4H^+$

阴极　$4H_2O+4e^- \longrightarrow 2H_2\uparrow +4OH^-$

$2H^+ +2e^- \longrightarrow H_2\uparrow$

电极反应在阳、阴极分别产生大量 $H^+$ 和 $OH^-$，导致电极附近的 pH 值相应地降低和升高。这种变化趋势与罗启仕等的研究结论是一致的，pH 变化主要是由于电极表面发生水的电解反应，阳极释放 $H^+$，阴极释放 $OH^-$，从而改变土壤的酸碱性质。

(3) 对土壤电阻的影响　如图 3-60 所示为电极电压 15V，初始 pH 为 3，NaCl 投加量 5g，反应一定时间后土壤电阻的变化。

土壤电阻变化在一定程度上影响着土壤中六氯苯的迁移效率。图 3-60 表示模拟土壤总电阻随时间变化，它是由电源电压与实时测量电流的比值。由图可以

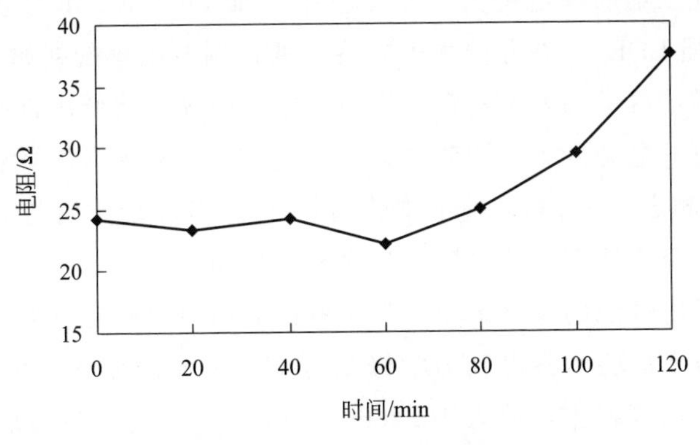


图3-60 土壤电阻的变化

看出，其总电阻随反应时间增加表现出上升趋势。

## 3.4.2 单独电动力学修复对多溴联苯醚污染土壤物理化学性质的影响

### 3.4.2.1 试验方法

电动力学试验装置如图3-61所示。以10.2cm×8cm×6cm的有机玻璃槽作为反应槽，不锈钢片作为电极，称取80g配制土壤，加入一定量的水和电解质，搅拌均匀后放入有机玻璃反应槽，连通不锈钢电极，用导线将电源和万用表的正负极相连，进行静态电动力学试验。

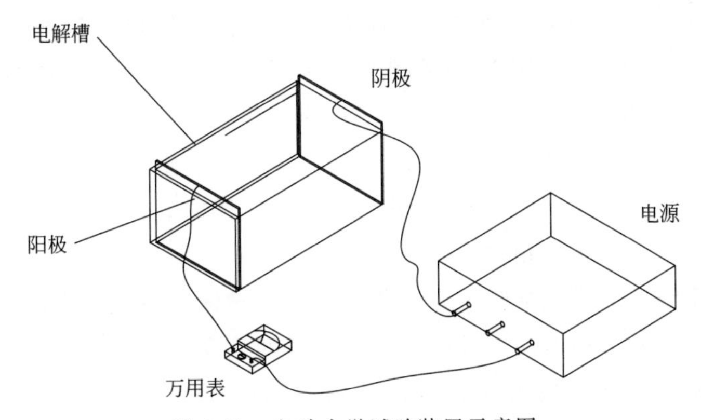


图3-61 电动力学试验装置示意图

（1）土壤pH的变化试验　电动力学修复过程中水的电解、离子在电场下的迁移等，必然影响土壤pH的变化。为此，我们设定以下试验考察电动力学修复对土壤pH的影响。称取80g BDE-15浓度为100ng/g的高岭土，放入10.2cm×8cm×6cm的有机玻璃反应槽中，加入92mL蒸馏水，使高岭土的含水率为

60%；为了保证土壤的导电能力，在土壤中添加5g NaCl作为电解质；再加入3g环糊精以增强BDE-15在孔隙水中的溶解度；调节土壤的初始pH到7，搅拌均匀。在电解槽的两端插入不锈钢片作为电极，用导线将低压直流电源连接到整个电路中来。打开电源开关，调节电源电压到15V，电动力学修复试验开始。试验每隔3h记录测定一次pH，整个试验运行9h。当进行非均匀电场试验时，以高纯石墨电极代替不锈钢片状电极，其他条件相同。

（2）土壤导电性能的变化试验　为了考察电动力学修复过程中电流的变化情况，我们设定以下试验考察电动力学修复对土壤电流的变化。称取80g BDE-15浓度为100ng/g的高岭土，放入10.2cm×8cm×6cm的有机玻璃反应槽中，加入92mL蒸馏水，使高岭土的含水率为60%；为了保证土壤的导电能力，在土壤中添加5g NaCl作为电解质；再加入3g环糊精以增强BDE-15在孔隙水中的溶解度；调节土壤的初始pH到3，搅拌均匀。在电解槽的两端插入不锈钢片作为电极，用导线将万用表和低压直流电源串联到整个电路中来。打开电源开关，调节电源电压到15V，电动力学修复试验开始。试验每隔1h记录一次电流，整个试验运行7h。当进行非均匀电场试验时，以高纯石墨电极代替不锈钢片状电极，其他条件相同。

（3）土壤含水率的变化试验　为了考察电动力学修复过程中含水率的变化情况，我们设定以下试验。称取80g BDE-15浓度为100ng/g的高岭土，放入10.2cm×8cm×6cm的有机玻璃反应槽中，加入92mL蒸馏水，使高岭土的初始含水率为60%；为了保证土壤的导电能力，在土壤中添加5g NaCl作为电解质；再加入3g环糊精以增强BDE-15在孔隙水中的溶解度；调节土壤的初始pH到3，搅拌均匀。在电解槽的两端插入不锈钢片作为电极，用导线将电极与电源相连。打开电源开关，调节电源电压到15V，电动力学修复试验开始。试验每隔3h取样，整个试验运行9h。当进行非均匀电场试验时，以高纯石墨电极代替不锈钢片状电极，其他条件相同。

（4）土壤温度的变化试验　为了考察电动力学修复过程中土壤温度的变化，我们设定以下试验考察电动力学修复对土壤温度的变化。称取80g BDE-15浓度为100ng/g的高岭土，放入10.2cm×8cm×6cm的有机玻璃反应槽中，加入92mL蒸馏水，使高岭土的含水率为60%；为了保证土壤的导电能力，在土壤中添加5g NaCl作为电解质；再加入3g环糊精以增强BDE-15在孔隙水中的溶解度；调节土壤的初始pH到3，搅拌均匀。在电解槽的两端插入不锈钢片作为电极，电极的两端用导线连接到低压直流电源的两极。打开电源开关，调节电源电压到15V，电动力学修复试验开始。试验每隔3h测定一次土壤的温度，整个试验运行 9h。

（5）样品分析　将所取样品在 30℃的烘箱内烘干 24h，研磨过筛（0.355mm）后分析 pH：称取 4g 样品加入 10mL 去离子水，于摇床振荡 2h 后静置，取上清液测定；采用烘干法（105℃）测定土壤的含水率。电动力学修复过程中的电流，可以直接从万用表上读出。温度用温度计直接测量。

### 3.4.2.2　单独电动力学修复过程土壤物理化学性质的变化

（1）土壤 pH 的变化　图 3-62 为均匀电场下电动力学修复过程中土壤 pH 的变化规律，图 3-63 是非均匀电场下土壤 pH 的变化规律。由两图中可以看出，阳极的 pH 呈下降趋势，土壤被酸化，阴极的 pH 呈上升趋势，土壤被碱化。pH 分布从阳极向阴极呈上升趋势。电动力学修复中，在阴阳极分别发生着电解反应：

阴极　　$H_2O+e^- \longrightarrow OH^-$

阳极　　$H_2O-e^- \longrightarrow O_2+H^+$

阴极电解水产生 $OH^-$，使得阴极的 pH 升高，均匀电场中阴极的 pH 升至 11 左右，非均匀电场中 pH 升至 12.6。阳极产生 $H^+$，使阳极附近的土壤酸化，均匀电场中 pH 下降至 3.2 左右，非均匀电场中 pH 下降至 2.3。又由于 $H^+$、$OH^-$ 在电场的作用下，向两极移动，更扩大了酸化区域和碱化区域。而离阴阳极相对较远的区域 pH 的变化相对较小。土壤的酸化和碱化，必然影响土壤的再使用。由图 3-62 和图 3-63 可以看出，外加电压梯度相同时，非均匀电动力学对土壤 pH 的影响范围比均匀电动力学小得多，但对电极附近土壤 pH 影响程度比均匀电动力学大。土壤中 pH 变化程度还可能与电极面积有关。均匀电场中电极面积比非均匀电场中大得多。当外加电压相同时，电极面积越小，通过单位电极面积的电流越大，因此相同时间内产生的 $OH^-$、$H^+$ 也就越多。这可能是非均匀电场中 pH 的变化比均匀电场中大的另一原因。

电极反应引起土壤的 pH 变化对电动力学修复过程和修复效率有重要影响，所以控制电极反应的不利影响是该技术各种强化工艺的研究重点。为了缓解土壤的酸碱化现象，现有的方法是分别向阴阳极添加酸和碱中和阴阳极产生的 $OH^-$、$H^+$。例如，使用弱酸乙酸，可加入阴极，以中和阴极还原水所产生的 $OH^-$。但是如果酸不合理使用，也会引起土壤危害并影响电动修复效果。比如使用盐酸不当，可导致：增加地下水中 $Cl^-$ 的浓度；促进形成不可溶的氯盐，如 $PbCl_2$；在阴极附近，可能电解产生 $Cl_2$。乙酸是弱酸，在水中部分水解：

$$CH_3COOH \longrightarrow CH_3COO^- + H^+$$

使用乙酸具有以下优点：大多数金属乙酸盐溶解度高；乙酸水解产生的离子

浓度低，土壤的电导率变化幅度小；乙酸是环境友好的可生物降解的有机酸；在阴极附近，乙酸离子可阻止其他不溶盐的形成，从而阻止形成低电导区，可以消耗阴极附近土壤中过量的能量。或者在阴阳极使用选择性离子交换膜，阻止产生的 $OH^-$、$H^+$ 进入土壤。

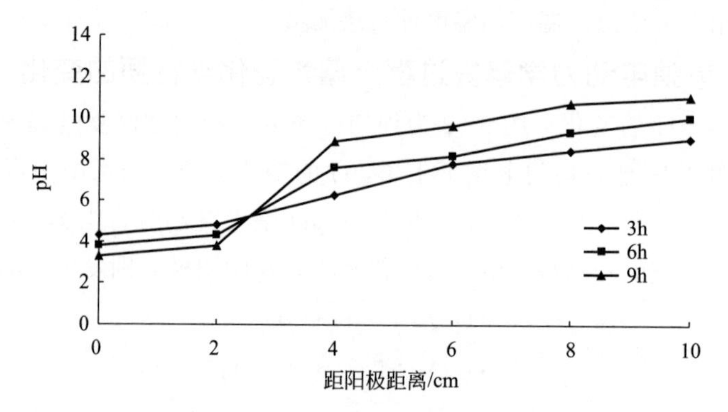


图 3-62　均匀电场电动力学修复过程中土壤 pH 的变化

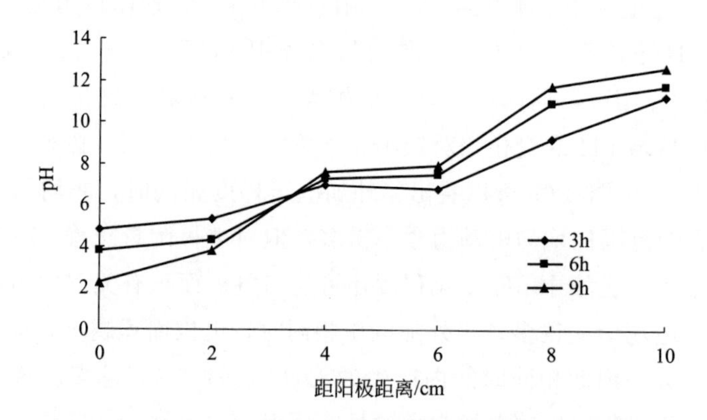


图 3-63　非均匀电场电动力学修复过程中土壤 pH 的变化

（2）土壤导电性能变化　土壤的导电性能可以从电动力学修复过程中电流的变化反映出来。在电压一定的情况下，电流越大，土壤的导电性越好；反之，越差。图 3-64 是试验过程中通过土壤电流随时间的变化曲线。从图中可以看出，两种电场下，电流在通电初期都迅速增大，达到峰值后随着时间的延长而逐渐减小。但是，非均匀电场电流的变化趋势比较平缓，这说明非均匀电场的电动力学修复对电流的影响比较小，系统较稳定。通过土壤的电流与其中可迁移离子的浓度密切相关。电解初期，土壤矿物的溶解需要一段时间，通过土壤的电流较小；随着电动力学修复的进行，阳极区土壤 pH 降低，有利于土壤矿物的溶解，伴随着电渗液通过土壤向阴极流动，土壤孔隙溶液中的离子浓度逐渐升高，电流迅速增大，一段时间后达到峰值；随着电解时间的增长，一方面孔隙溶液中阴阳离子的电迁移量减少，另一方面，电解反应产物或其他的化学物质也可能与迁移的离子发生反应（如向阴极迁移的 $H^+$ 与向阳极迁移的 $OH^-$ 中和形成水而稀释了土壤溶液中的离子浓度），从而使通过土壤的电流逐渐减小。两极电解反应使土壤 pH 发生变化，可能使土壤中的矿物发生溶解或沉淀，导致土壤中可迁移的离子浓度发生变化，土壤中电流也随之变化。

在电动力学修复过程中，由于电流有变小的趋势，要保持电动力学修复的稳定性，势必要增加电压，这将增加能耗。本研究利用以下公式计算处理单位体积土壤的电能消耗：

$$E_n = \frac{1}{V_n}\int VI\,dt \tag{3-9}$$

式中　$E_n$——处理单位体积土壤的电能消耗，$kW \cdot h/m^3$；

$V_n$——土壤体积，$m^3$；

$V$——电极间的电压差，V；

$I$——电流强度，A；

$t$——处理时间，h。

由式(3-9) 可知，电动力学试验的电能消耗随时间的增加而增加，但是不同电场类型的耗电速率明显不同。由图 3-64 可知，均匀电场下能耗速率高于非均匀电场，这说明，非均匀电动力学处理系统可以节省电能消耗。

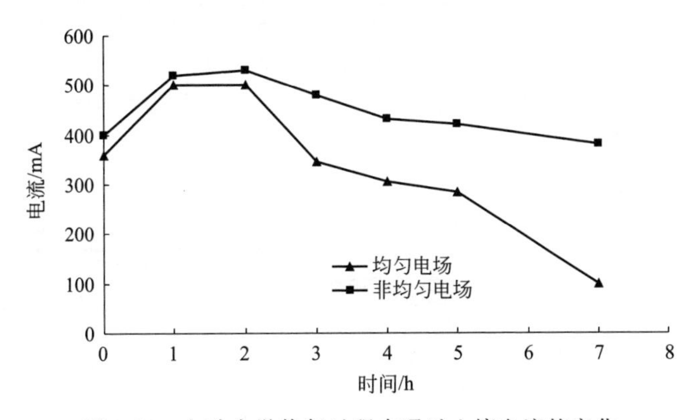


图 3-64　电动力学修复过程中通过土壤电流的变化

（3）土壤含水率的变化　电压梯度 1.5V/cm，含水率 60%，在均匀电场和非均匀电场两种情况下进行试验，用烘干法（105℃）测定了试验土壤含水量的空间变化，结果如图 3-65 和图 3-66 所示。从图中可以看出，含水率在整个电解槽的变化趋势为：阳极区土壤含水量逐渐减少，而阴极区土壤含水量明显增加。这是电动力学修复过程中电渗流从阳极向阴极流动的结果。土壤孔隙水以电渗析方式发生迁移，迁移方向与土壤 zeta 电位的符号有关。zeta 电位为负时，电渗流是从阳极到阴极；zeta 电位为正时，电渗流则是从阴极到阳极；在等电点时，zeta 电位为零，这时实际上没有电渗流。在本试验中，高岭土 zeta 电位为负值，因此试验期间土壤孔隙水都向阴极方向运动。由图 3-65 和图 3-66 可以明显看出，不同类型电场对土壤孔隙水的迁移变化具有不同程度的影响。在均匀电动力学作用下，靠近阳极区土壤含水量平均降低 18.2%，而靠近阴极区的土壤含水量平均升高 11.1%；试验发现，土壤水分含量变化太大会引起土壤固化和龟裂，这严重影响了电动力学修复的进行。在非均匀电动力学作用下，土壤含水量变化与均匀电场相比比较缓和，靠近阳极和阴极的含水率分别为下降 6.8%和升高 8.3%，非均匀电动力学过程对土壤水分的影响比较小。

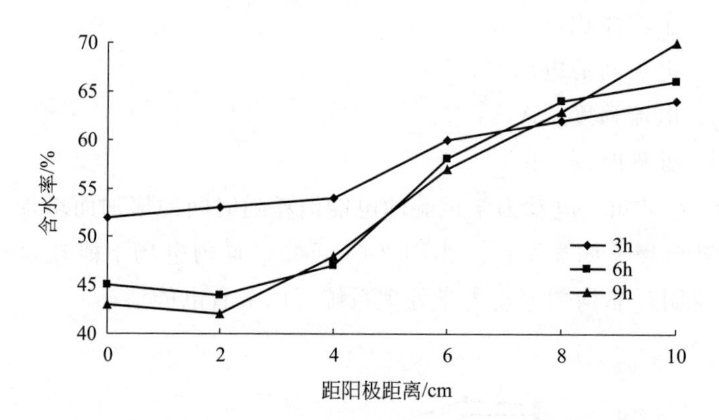


图 3-65　均匀电场电动力学修复过程中土壤含水率的变化

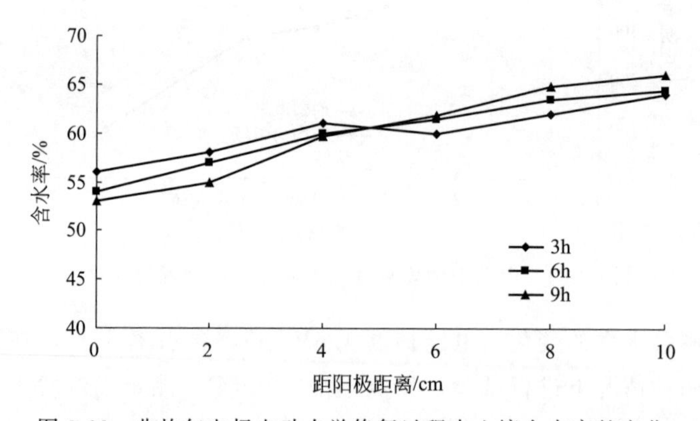


图 3-66　非均匀电场电动力学修复过程中土壤含水率的变化

(4) 土壤温度的变化　试验开始后可见电极端有气泡产生且温度升高，土壤的温度变化规律见图 3-67。由图可知，样品中阳极附近温度的变化过程由初始状态的 25℃逐渐变大，最后到达 38℃，阴极附近温度增加的幅度更大，由初始状态的 25℃逐渐变大，达到 40℃，从整体来看，温度表现出由阳极到阴极逐渐变大趋势。主要原因是在阴极附近，由于电场作用初始阶段离子浓度变大，而到后期阶段，阴极附近的 pH 明显升高，金属离子形成沉淀物，而电导率降低，土壤的电阻增大等引起土壤温度上升更快。

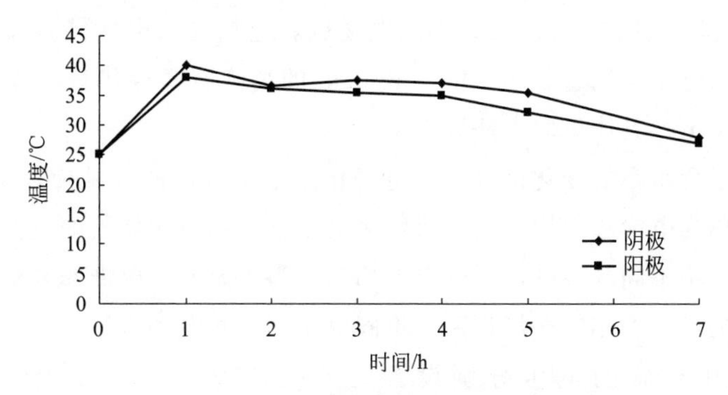


图 3-67　电动力学修复过程中温度的变化

## 3.4.3　电磁助修复对多溴联苯醚污染土壤物理化学性质的影响

### 3.4.3.1　试验方法

将一定量的 BDE-15 溶于正己烷中，然后与高岭土充分拌匀，配制成 BDE-15 含量（以单位质量干重计）为 100mg/kg 的模拟污染土壤样品，于通风橱中蒸发去除正己烷。取 40.0g 样品，加入一定量的去离子水和 2.5g 电解质 NaCl，搅拌均匀后装入有机玻璃反应器中，并分层压实，制成 8cm×6cm×3cm 的土样。向阳极室和阴极室中加入适量自来水作为电解液，陈化 2h，使样品达到饱和。用导线将阳极和阴极分别与电源的正负极相连，电极间距保持在 12cm，加盖密封，调节电压，设置 200mT 强度的磁场，进行反应，反应过程中记录电流、测量温度，反应时间为 48h。

试验结束后，将土样以 2cm 长为一段分成 4 段，测定每段土样的含水率、pH 值和 BDE-15 质量浓度。pH 值的测定使用 pH 计，并使用 pH 精密试纸辅助测定。

土壤含水率的测定方法：将土壤样品准确称重后放入烘箱干燥，6h 后取出冷却后称重，放入烘箱继续干燥 2h 后，取出重新称重，达到恒重为止，记录计算结果。

土壤pH的测定方法：称取一定量风干后的土壤样品，以土水比1∶5的比例加入去离子水，避光振荡，静置30min后，提取悬浮液进行测定。

(1) 土壤pH的变化试验　土壤pH是土壤酸碱度的强度指标，电磁助修复过程中由于电极处会发生水的电解，阳极生成$H^+$，阴极生成$OH^-$，在电场作用下，$H^+$和$OH^-$分别向阴、阳两极迁移，使土壤不同区域的pH发生变化。为了研究电磁助修复对土壤pH的影响，本书设计了相吸磁场作用下不同电压和不同电场作用下的电磁助修复试验。不同电压试验的电压分别设置为5V、15V、25V，具体试验方法同3.2.2.2。不同电场试验包括均匀电场试验和非均匀电场试验，非均匀电场采用直径为1cm、长5cm的高纯石墨棒代替石墨板作为阴极电极和阳极电极，具体试验方法同3.2.2.2。

(2) 土壤含水率的变化试验　在电场作用下土壤中的孔隙液体会发生迁移，这种现象被称为电渗流作用，是有机物污染土壤电动力学修复的主要机理。电渗流作用会使土壤不同区域的水分分布不均匀。为了研究电磁助修复对土壤含水率的影响，本书设计了相吸磁场作用下不同电压和不同电场作用下的电磁助修复试验。不同电压试验的电压分别设置为5V、15V、25V，具体试验方法同3.2.2.2。不同电场试验包括均匀电场试验和非均匀电场试验，非均匀电场采用直径为1cm、长5cm的高纯石墨棒代替石墨板作为阴极电极和阳极电极，具体试验方法同3.2.2.2。

(3) 土壤电流的变化试验　土壤的电流反映了土壤的导电性能，土壤导电性能的好坏会影响到磁助修复体系的电能消耗，电能消耗与电磁助修复的经济成本直接相关。为了研究电磁助修复对土壤电流的影响，本书设计了相吸磁场作用下不同电压和不同电场作用下的电磁助修复试验。不同电压试验的电压分别设置为5V、15V、25V，具体试验方法同3.2.2.2。不同电场试验包括均匀电场试验和非均匀电场试验，非均匀电场采用直径为1cm、长5cm的高纯石墨棒代替石墨板作为阴极电极和阳极电极，具体试验方法同3.2.2.2。

(4) 土壤温度的变化试验　电磁助修复过程中随着反应的进行，土壤的温度也会发生变化，土壤发热会使电能转化为热能，不利于电磁助修复的进行。为了研究电磁助修复对土壤温度的影响，本书设计了相吸磁场作用下不同电压和不同电场作用下的电磁助修复试验。不同电压试验的电压分别设置为5V、15V、25V，具体试验方法同3.2.2.2。不同电场试验包括均匀电场试验和非均匀电场试验，非均匀电场采用直径为1cm、长5cm的高纯石墨棒代替石墨板作为阴极电极和阳极电极，具体试验方法同3.2.2.2。

### 3.4.3.2 电磁助修复过程土壤物理化学性质的变化

（1）土壤 pH 的变化 从图 3-68 可以看出，电压为 5V、15V、25V 时，各土壤区域的 pH 变化趋势相似，从阳极向阴极 pH 呈上升趋势，酸碱锋面交界面在土壤中间位置。施加不同电压对电磁助修复后各土壤区域 pH 的变化规律影响不大，但电压为 25V 时的土壤 pH 整体略低于电压为 5V 和 15V 的试验。

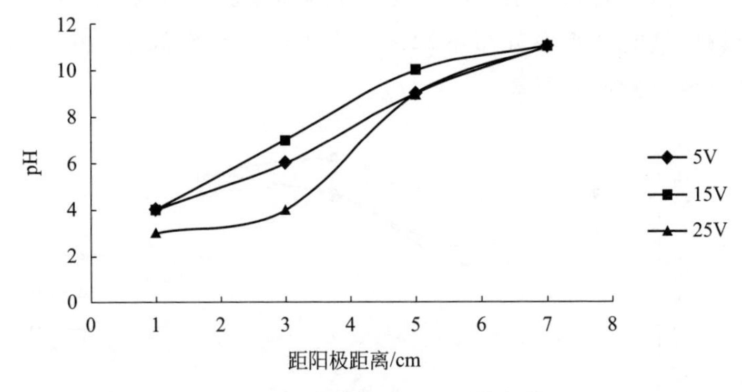


图 3-68 不同电压下 pH 的变化

非均匀电场作用下，反应结束后阳极石墨棒变成尖端状，阴极石墨棒上覆盖有白色物质。阳极主要被电水解产生的酸溶蚀掉渣，阴极是受电阻极化影响，阴极上形成的白色膜为不溶盐杂质，会使导电性下降，影响试验修复的效果。均匀电场试验的阴极也会出现白色不溶盐杂质，出现极化现象。

图 3-69 显示了在相吸磁场作用下，均匀电场与非均匀电场试验的 pH 对比图。由图 3-69 可见，两者土壤的 pH 从阳极到阴极均逐渐升高，非均匀电场作用下土壤整体的 pH 比均匀电场低，说明非均匀电场对土壤性质的影响较小。

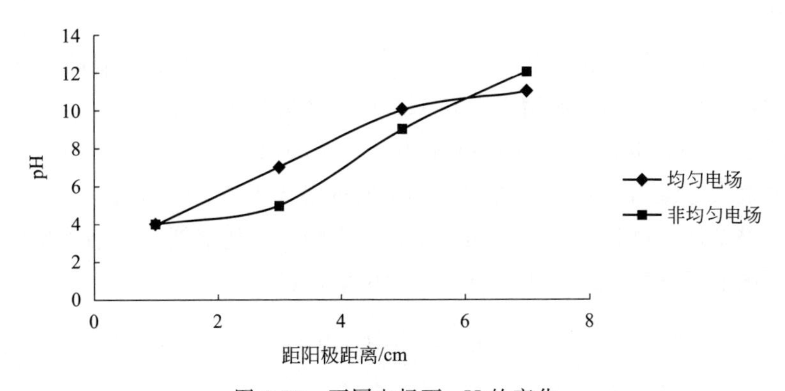


图 3-69 不同电场下 pH 的变化

(2) 土壤含水率的变化　从图 3-70 可以看出，不同电压下各土壤区域的含水率变化趋势相似，在距阳极 3cm 处最低，距阳极 5cm 处最高，各区域含水率均在 50%～60%。电压为 15V 时的含水率要大于电压为 5V 和 25V 时的含水率。由于试验土壤含水率为饱和状态，且电极室中的电极液可以通过空隙进入土壤室，不同电压下的含水率变化不大。电动力学修复过程中，电渗流的作用会使水分子通过土壤从阳极向阴极流动，土壤的发热和蒸发作用也会使土壤的含水率下降，使各土壤区域的含水率分布不均匀。当土壤含水率低于 10%，会成为影响电动力学修复效果的重要因素。

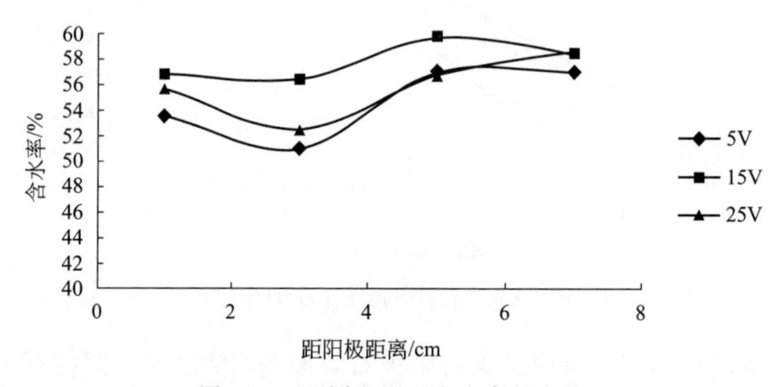


图 3-70　不同电压下含水率的变化

图 3-71 显示了不同电场作用下反应 48h 后不同土壤区域含水率变化的对比图。在均匀电场作用下，土壤各区域的含水率在距阳极 3cm 处最低，距阳极 5cm 处最高。在非均匀电场作用下，阴阳极附近的土壤明显比中间位置的土壤含水率偏高，各土壤区域含水率变化趋势平缓。这是因为在电场力的推动和溢流作用下，电极液会通过多孔有机玻璃板和纱网进入土壤，所以靠近阴阳极处土壤的含水率偏高。

(3) 土壤电流的变化　从图 3-72 可以看出，不同电压下电流的变化规律具有相似性，在反应初期电流增大，在 12h 达到峰值后缓慢降低。并且施加的电压越大，通过土壤的电流则越大，电压为 25V 时的最大电流为 240mA，电压为 15V 时的最大电流为 140mA，电压为 5V 时的最大电流为 80mA。

在电磁助修复过程中，电压和电流直接影响着电能消耗。本书采用以下计算式计算不同电压下处理单位质量污染物的电能消耗：

$$E_c = \frac{1}{m_c}\int UI\,dt \tag{3-10}$$

式中　$E_c$——处理单位质量污染物的耗电量，kW·h/mg；

$m_c$——试验修复的污染物质量，mg；

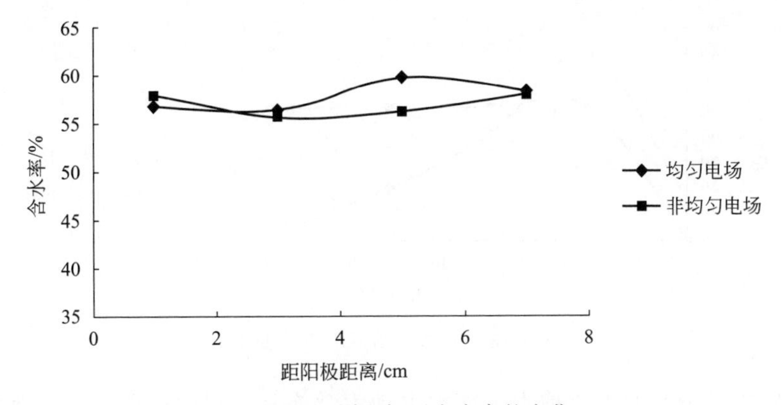


图 3-71　不同电场下含水率的变化

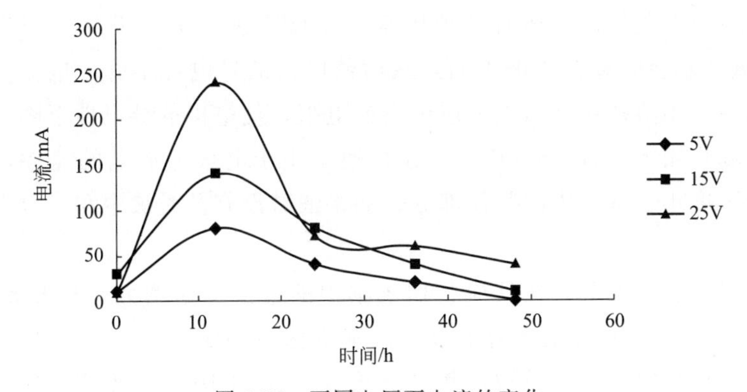


图 3-72　不同电压下电流的变化

$U$——试验中施加的电压，V；

$I$——试验中土样的电流，A；

$t$——运行时间，h。

经过计算可以得出，在电压为 5V、15V、25V 时，单位质量污染物电能消耗分别为 1.8kW・h/mg、10.8kW・h/mg、25.2kW・h/mg，可见随着电压的增加，电磁助修复体系的单位能耗也随之增加。

土壤的电流反映了土壤的导电性能，通过土壤的电流与其中可迁移离子的浓度密切相关，在一定的电压下电流越大，说明土壤中可迁移离子浓度越高，土壤阻抗越小，土壤的导电性能越好。不同电场作用下反应过程中电流随时间的变化如图 3-73 所示。由图中可以看出，两者电流的变化趋势明显不同。

均匀电场的电流随着时间的推移逐渐增大，达到峰值 140mA 后缓慢下降。这是因为在电动力学修复过程初期，随着土壤中的矿物的溶解，溶解态的离子

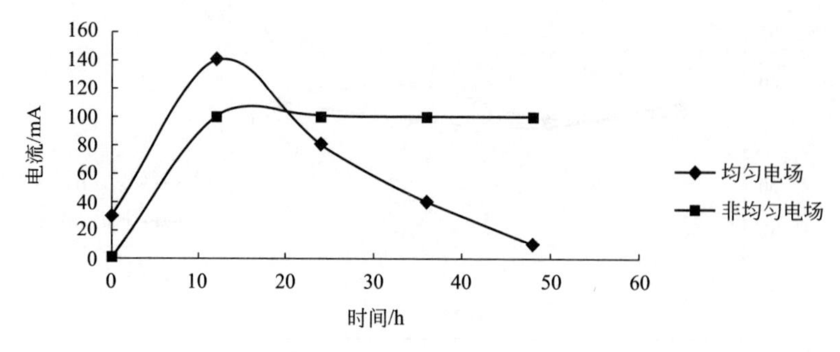


图 3-73　不同电场下电流的变化

增多，使通过土壤的电流增大，而在电动力学修复过程中后期，由于蒸发作用和电渗流作用，土壤的含水率降低，土壤的电导率也随之降低，电流降低。另外，影响电流变化的因素还有其他因素：在反应过程中电极反应产生的气泡（氢气和氧气）会附着在电极表面，从而使电极的导电性下降，电流降低；阴极表面的白色不溶盐也会增大反应体系的电阻，使电极的导电性下降，电流降低；在电场作用下，$H^+$ 与 $OH^-$ 的迁移速率小于电极上放电的速率，电极附近的离子浓度小于溶液中的其他部分，如果酸碱没有及时被中和，也会使电流降低。

非均匀电场作用下，在反应初期土壤中的电流迅速增大，从开始的 1mA 上升到 100mA，达到峰值之后土壤电流基本保持稳定，说明在该非均匀电场反应体系运行稳定。根据单位能耗计算公式［式(3-10)］，可以计算出在电压为 15V 时，非均匀电场作用下的单位能耗为 14.4kW·h/mg，略大于均匀电场的单位能耗 10.8kW·h/mg，说明在该系统下非均匀电场的电能消耗略高于均匀电场。

（4）土壤温度的变化　从图 3-74 可以看出，不同电压下温度的变化规律与电流相似，电流密度的增大会引起土壤温度的上升，所以土壤温度与电流有相似的变化趋势。在反应初期温度升高，在 12h 达到峰值后缓慢降低，并且施加的电压越大，土壤的温度越高。电压为 5V 时的最大温度为 20℃，电压为 15V 时的最大温度为 23℃，电压为 25V 时的最大温度为 30℃。土壤温度与土壤电导率成反比例关系，电导率降低，电阻增大，会引起土壤发热，会使电能转化为热能，不利于电动力学修复的进行。

不同电场下温度随时间的变化如图 3-75 所示。在均匀电场下，土壤温度随着时间的变化趋势与电流的变化趋势相似，在电动力学修复过程初期土壤温度从初始温度 14℃逐渐增大，达到峰值 27℃后缓慢下降并趋于平稳。在非均匀电场

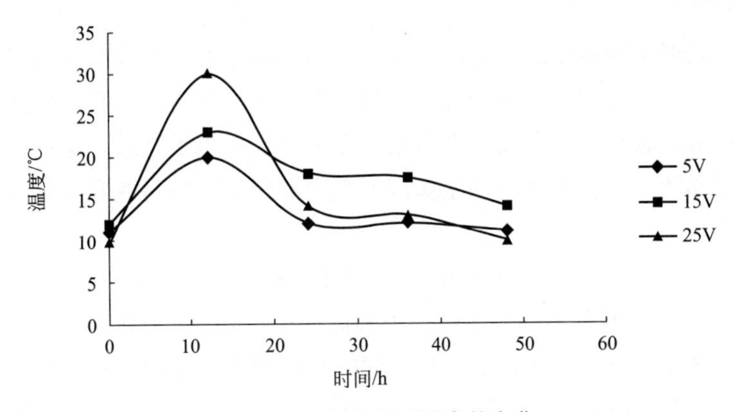


图 3-74　不同电压下温度的变化

下，在反应初期土壤温度由 8℃逐渐升高到 14℃，之后土壤温度基本保持不变，土壤温度变化趋势与土壤电流变化趋势基本一致。土壤温度与电场做功直接相关，在反应初期，电流较小，电场做功较小，土壤温度变化也较小。

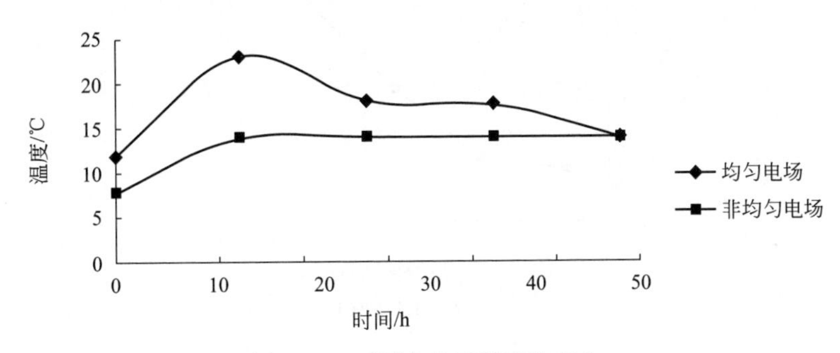


图 3-75　不同电场下温度的变化

## 3.4.4 电磁助修复对三氯生污染土壤物理化学性质的影响

（1）土壤 pH 的变化　电动力学修复过程中最主要也是最重要的机制是水的电解过程。电解时，电渗流也由此产生，孔隙流在电场作用下由阳极向阴极迁移，一些污染物伴随着电渗流发生迁移。

电极区 $H^+$ 和 $OH^-$ 的产生并向土壤区迁移引起土壤 pH 的改变，由图 3-76 可知，磁场强度越大，阳极区土壤 pH 越低，阴极区土壤 pH 也越低。产生这种现象的原因是，磁场促进两极水电解，电解越强烈，电流越大，阳极区 pH 越低，而阴极区 pH 越大。然而由于电流增大，在电磁场作用下，氢离子向阴极迁移速度加快，相应地，氢氧根离子向阳极迁移速度加快，由于氢氧根离子本身迁移速度慢，使得酸碱峰中和点（土壤 pH 为 7）较纯电动力学修复试验向阴极迁移。

试验结束时土壤 pH 的变化情况如图 3-76 所示。由图可知，土壤的 pH 随采样点到阳极的变化而改变，在阳极区土壤 pH 最低而在阴极上升到最高值。电解过程产生的氢氧根离子和氢离子在电场作用下分别向电极迁移，形成酸碱峰，由于氢离子迁移快，在接近阴极的土壤区发生中和反应。值得注意的是，酸碱性能极大干扰土壤的离子交换能力。

由图 3-76 可知，与磁场强度为零的试验组 MFE-EK01、MFE-EK04 和 MFE-EK08 相比，其他各种酸碱峰的中和面（pH 为 7）都更靠近阳极，可见磁场的作用促进了氢离子向阴极的迁移，同时可以看到磁强化电动力学修复试验组土壤 pH 突变点都相对滞后，靠近阴极区。通过对比可知，可见磁场促进了水电解。这与先前的研究结果是一致的。

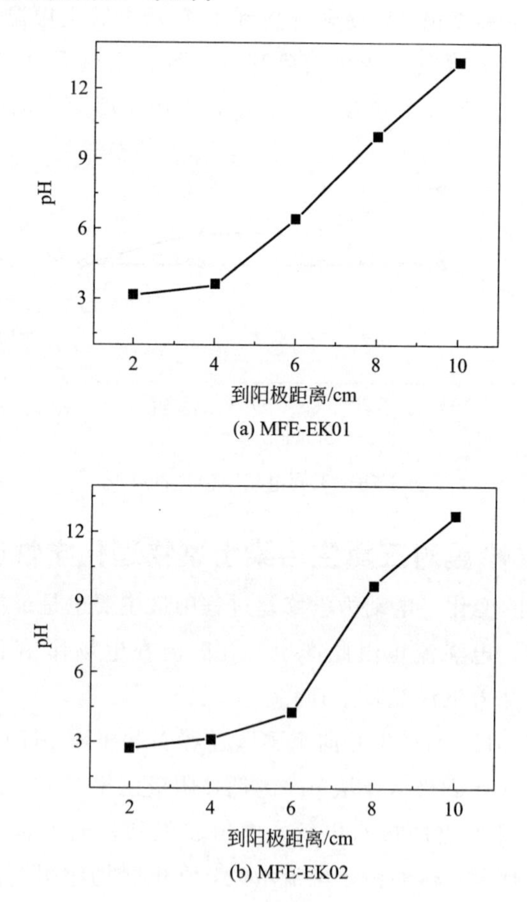


(a) MFE-EK01

(b) MFE-EK02

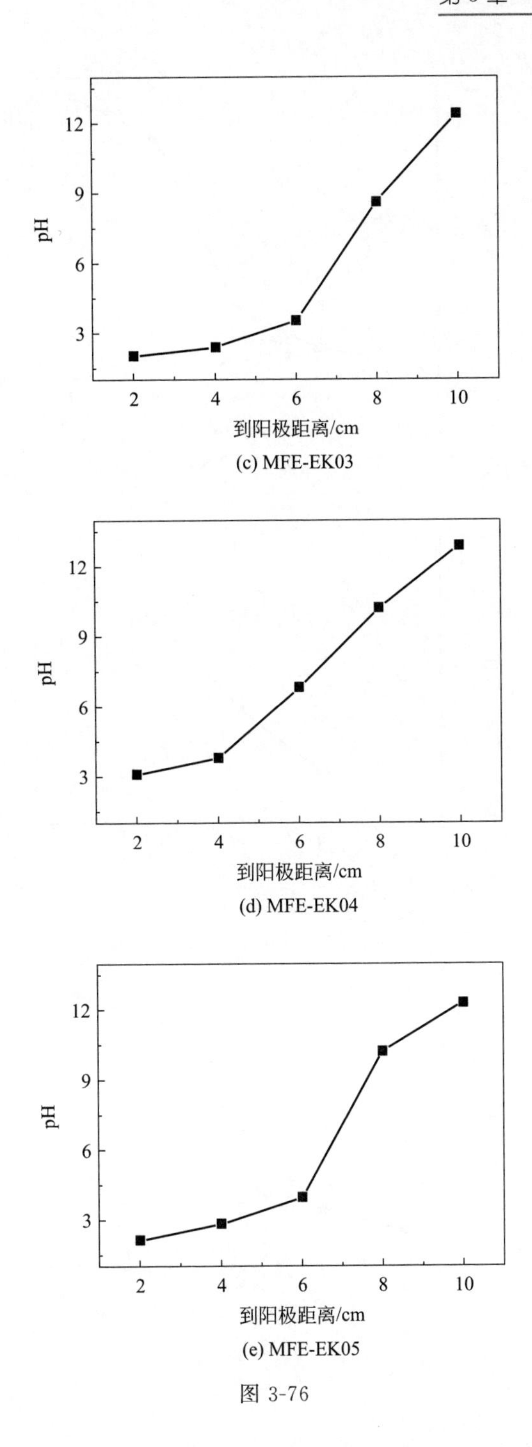


(c) MFE-EK03

(d) MFE-EK04

(e) MFE-EK05

图 3-76

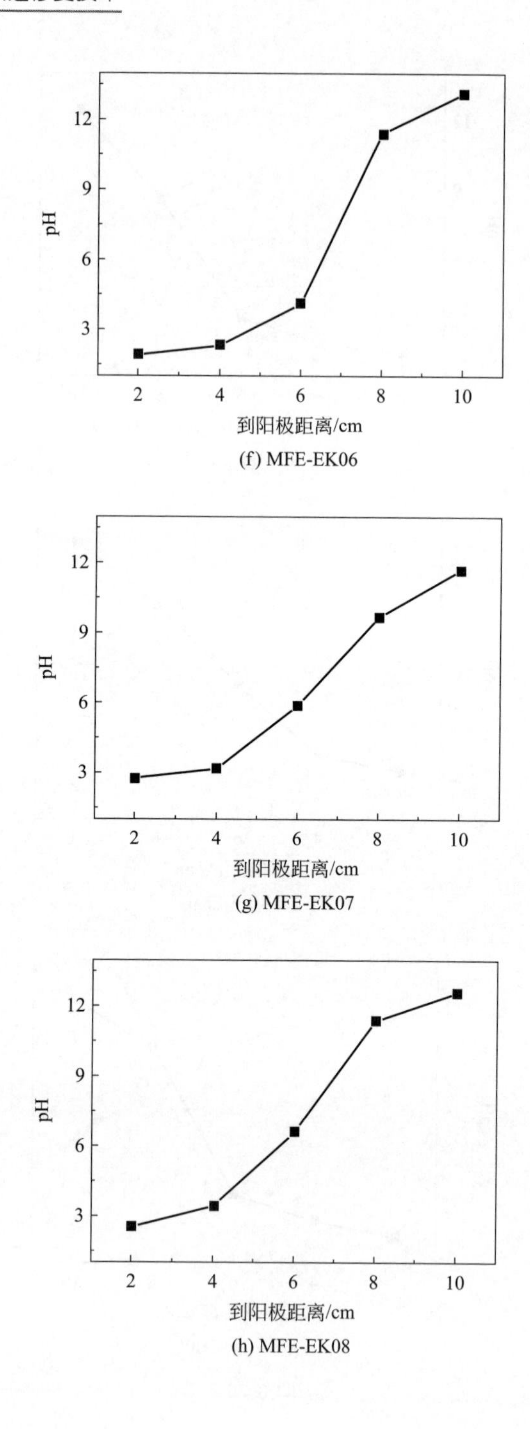


(f) MFE-EK06

(g) MFE-EK07

(h) MFE-EK08

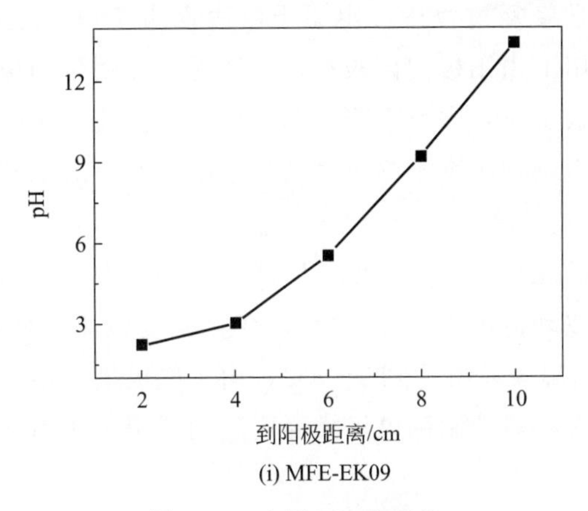

(i) MFE-EK09

图 3-76　土壤 pH 的变化

(2) 土壤含水率的变化　检测土壤含水率取样点共计三个，即在土壤室由阳极到阴极方向等分为三部分，依次为阳极区、中间区和阴极区，记为从三个土壤区分别取样，测定其含水率。土壤含水率分布状况如表 3-4 所示。

**表 3-4　土壤含水率分布**

| 取样点 | 含水率/% | | |
|---|---|---|---|
| | 阳极区 | 中间区 | 阴极区 |
| MFE-EK01 | 32 | 38 | 41 |
| MFE-EK02 | 34 | 35 | 39 |
| MFE-EK03 | 25 | 32 | 41 |
| MFE-EK04 | 30 | 38 | 43 |
| MFE-EK05 | 34 | 33 | 38 |
| MFE-EK06 | 33 | 31 | 36 |
| MFE-EK07 | 30 | 30 | 41 |
| MFE-EK08 | 31 | 33 | 40 |
| MFE-EK09 | 29 | 32 | 42 |

土壤中含水率从阳极向阴极整体呈现递增的趋势，这是由于试验过程中电渗流不断向阴极迁移，使阳极区含水率降低，阴极区含水率升高，超过原始含水率 35%。实际电解过程中两电极槽内是不断消耗电解液的，由于本试验中电解液是周期性加入的，故能保持两电极槽内土壤中的电解液不断补充，使电解过程顺利进行，电极槽中的电解液也会在电渗流的作用下向阴极迁移。

磁强化电动力学修复过程中，由于土壤表面带负电，土壤孔隙中溶液带正电，溶液在电场作用下由阳极向阴极移动。同时，在阴阳两极由于电解作用，水溶液不断消耗，导致土壤含水率下降，阴极由于电渗流作用得到补偿而阳极水溶液不断消耗，导致土壤含水率不断下降。当土壤含水率减少到一定程度时，土壤会失去导电能力。

(3) 土壤温度的变化　土壤温度的监测贯穿整个电动力学修复试验过程，试验发现土壤室温度波动范围在 19～22℃，变化幅度较小，而两电极槽内温度变化波动明显，24h 内温度差可达到 5～8℃，由于电极槽采用间歇补给电解液的操作，每 24h 加水一次，对控制两电极槽温度起到了缓解作用。温度变化情况如图 3-77 所示。

通电时土壤本身的电阻会导致土壤温度升高，此外电解反应产生的氢离子和氢氧根离子发生中和反应也会放热使土壤升温。由图 3-77 可知，总体上阴极区的温度比阳极槽土壤温度略高一些，这可能是因为阴极槽更接近酸碱中和面，也可

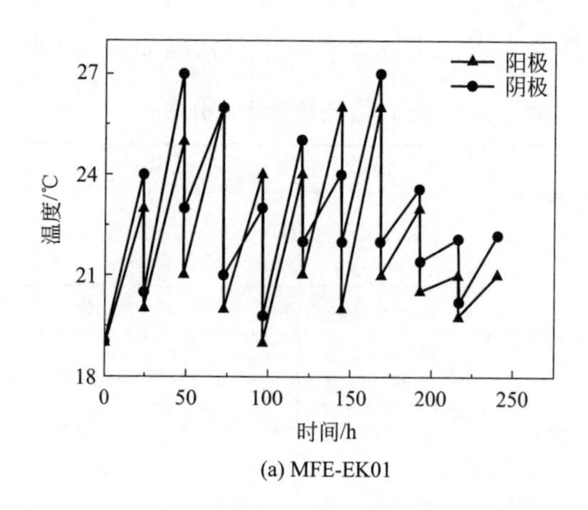


(a) MFE-EK01

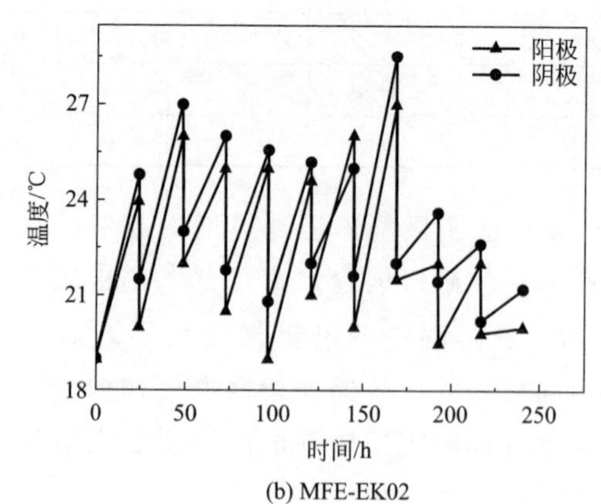


(b) MFE-EK02

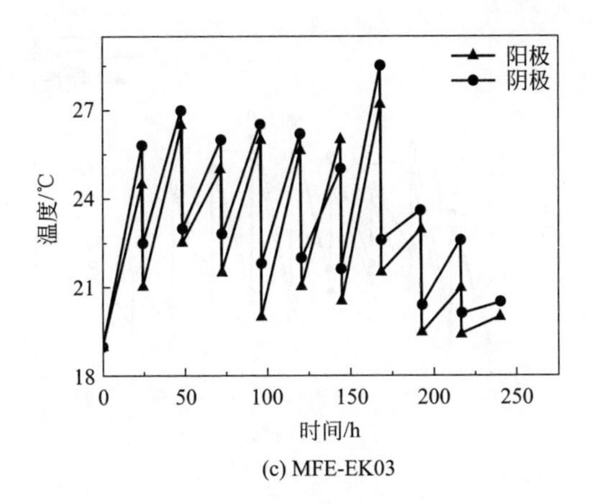


(c) MFE-EK03

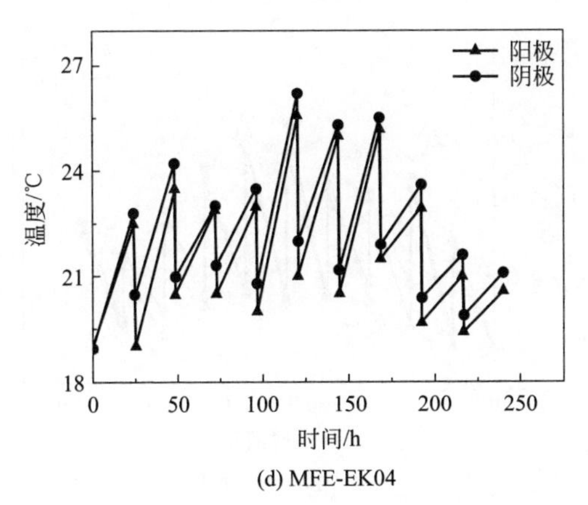


(d) MFE-EK04

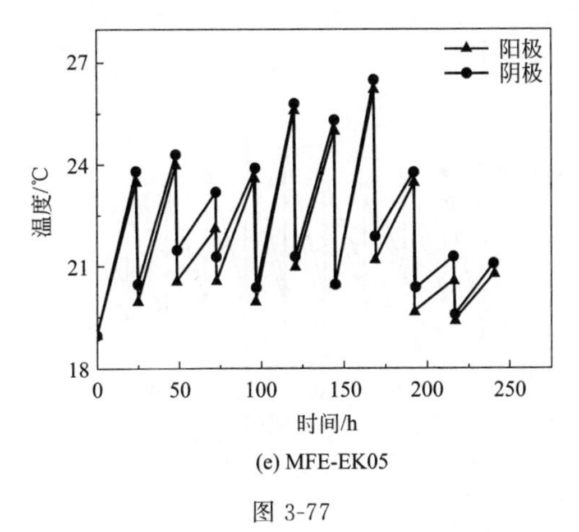


(e) MFE-EK05

图 3-77

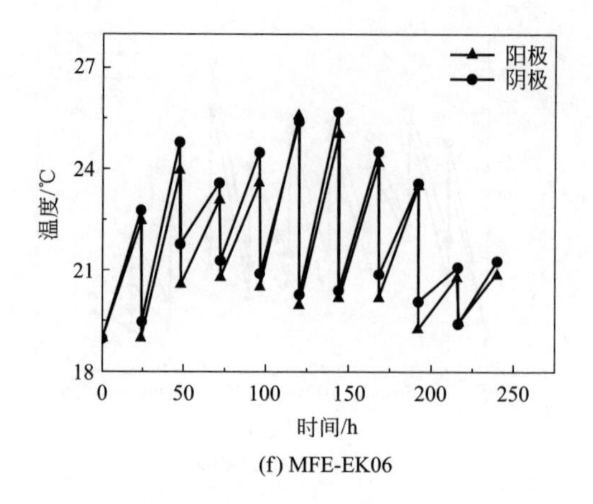


(f) MFE-EK06

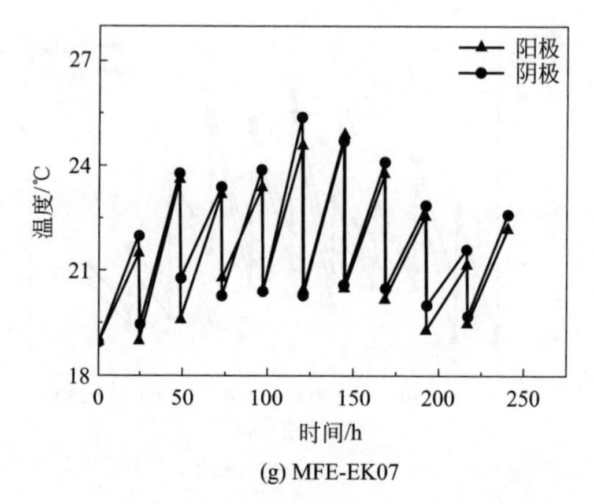


(g) MFE-EK07

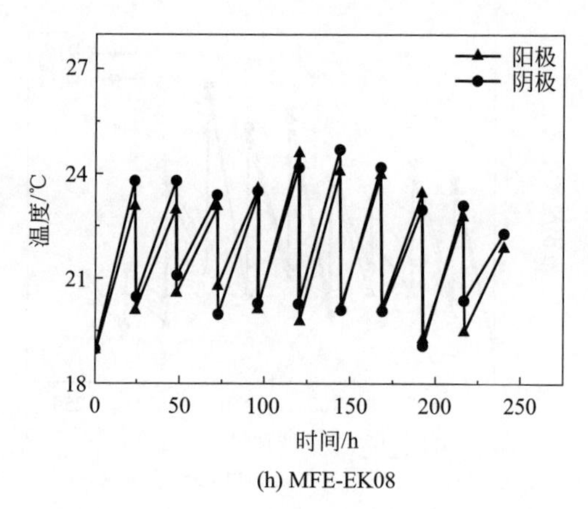


(h) MFE-EK08

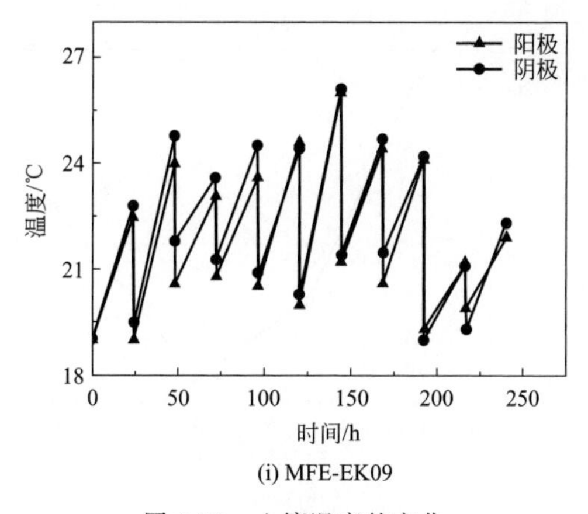


(i) MFE-EK09

图 3-77　土壤温度的变化

能是因为三氯生向阴极迁移，使阴极区的电阻增大，电流一定的情况下，电阻越大产生的热量越多，所以阴极区土壤温度偏高一些。

（4）土壤电导率的变化　由图 3-78 中可以看出，试验组 MFE-EK01～MFE-EK09 试验结束后土壤电导率分布呈现两边高中间低的状态，即阳极区和阴极区电导率高，中间区土壤电导率低，且阳极区电导率是最高的。这是由于在水电解过程中两电极区产生了大量的 $H^+$ 和 $OH^-$，它们通过水的渗透、扩散以及电迁移等原因进入土壤室，因而靠近电解槽的阳极区和阴极区电导率较高，电迁移的 $H^+$ 和 $OH^-$ 在土壤室相遇发生中和作用，因此土壤中部电导率又降低了，由于 $H^+$ 的迁移速度更快一些，电导率最低的点不是在土壤室的正中间，而是更靠近阴极一些。此外，阳极区由于 pH 较低，可能会引起高岭土中一些呈氧化态的金属发生反应而变成离子态，这也会使阳极区的电导率大大提高。

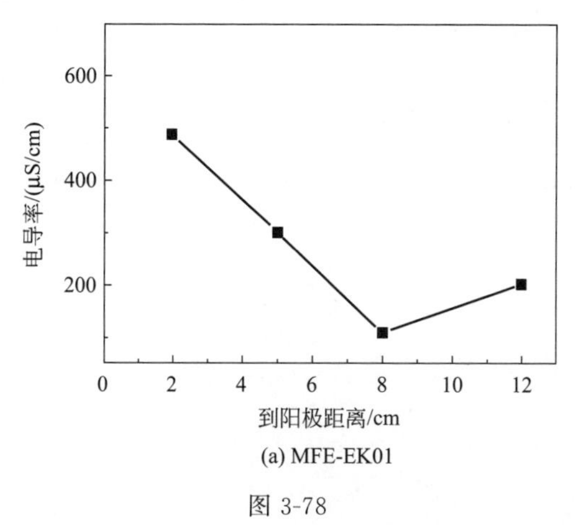


(a) MFE-EK01

图 3-78

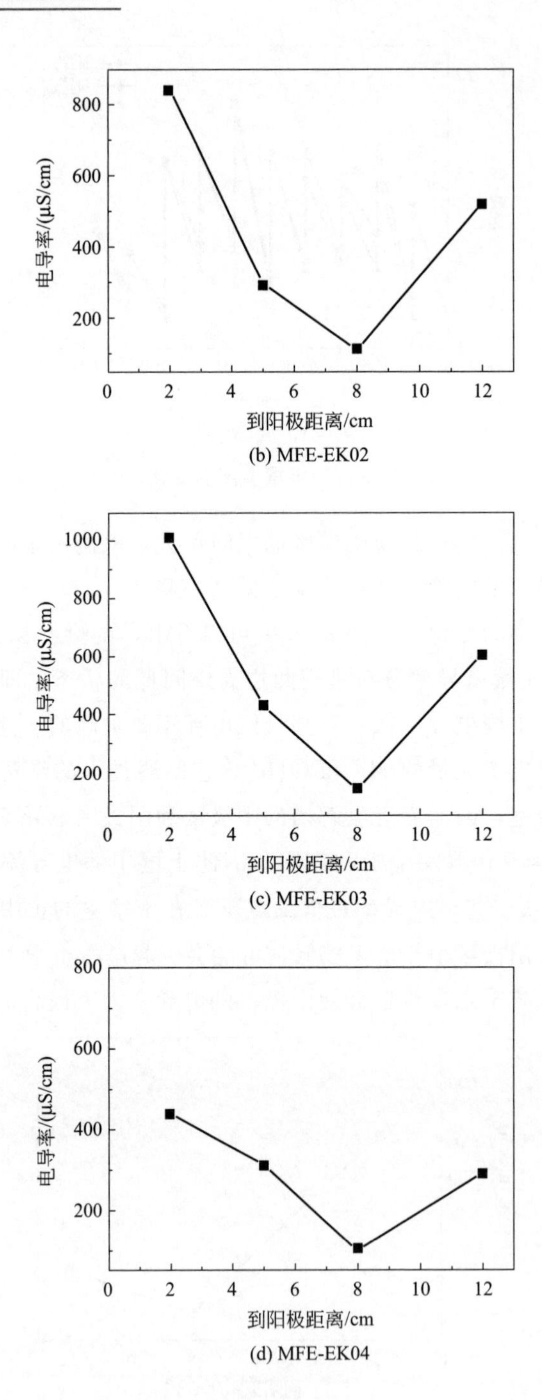
800
600
400
200
电导率/(μS/cm)
0
2
4
6
8
10
12
到阳极距离/cm
(b) MFE-EK02
1000
800
600
400
200
电导率/(μS/cm)
0
2
4
6
8
10
12
到阳极距离/cm
(c) MFE-EK03
800
600
400
200
电导率/(μS/cm)
0
2
4
6
8
10
12
到阳极距离/cm
(d) MFE-EK04

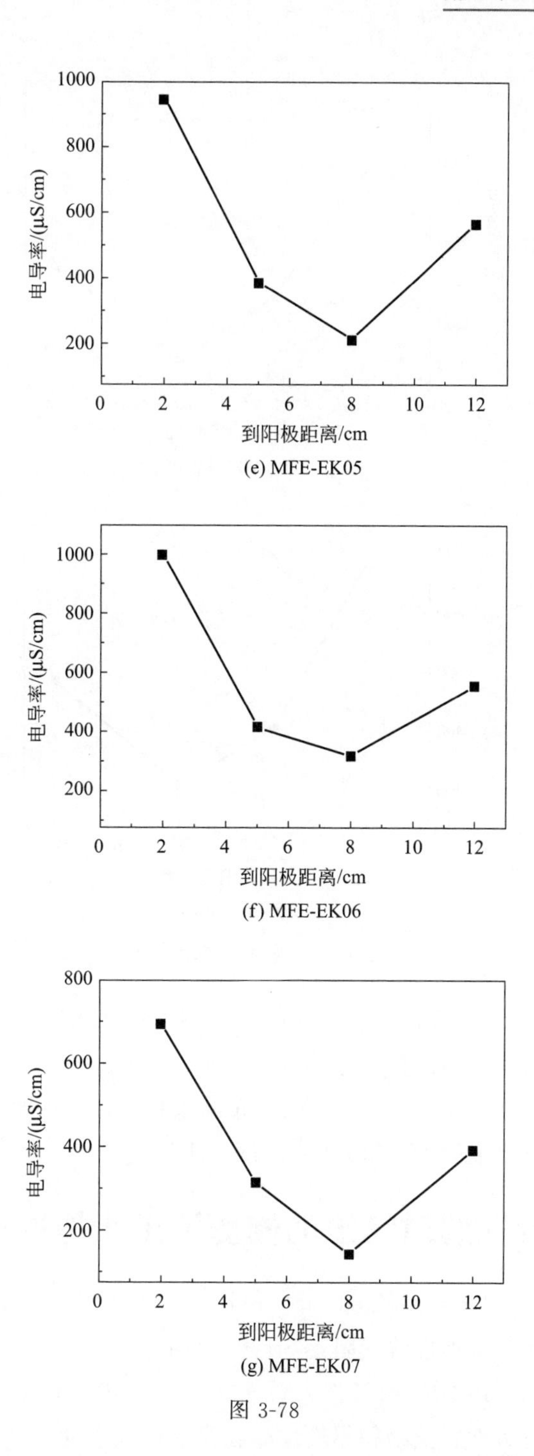
1000
800
600
400
200
电导率/(μS/cm)
0
2
4
6
8
10
12
到阳极距离/cm
(e) MFE-EK05
1000
800
600
400
200
电导率/(μS/cm)
0
2
4
6
8
10
12
到阳极距离/cm
(f) MFE-EK06
800
600
400
200
电导率/(μS/cm)
0
2
4
6
8
10
12
到阳极距离/cm
(g) MFE-EK07

图 3-78

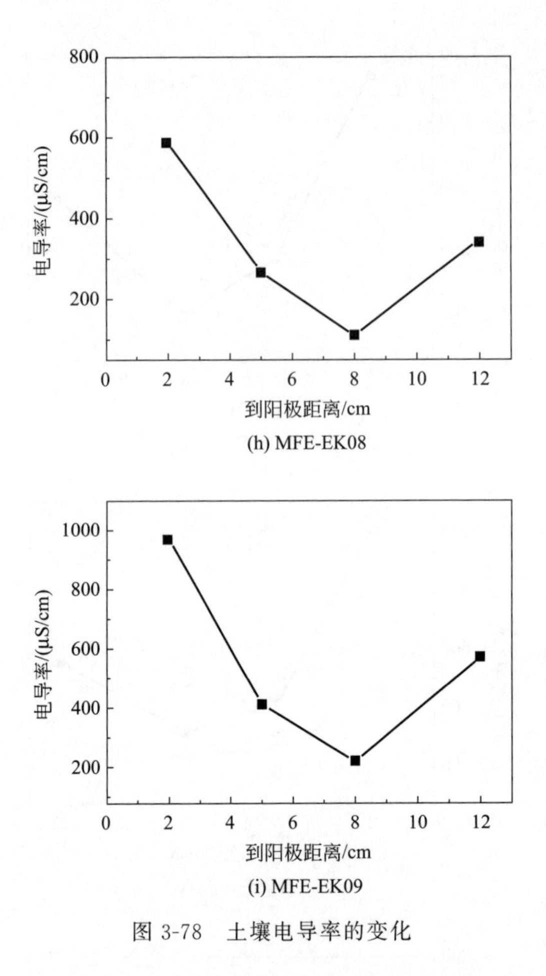


图 3-78　土壤电导率的变化

通过对比可知，MFE-EK01、MFE-EK04 和 MFE-EK08 三组试验的阳极区和阴极区的土壤电导率相比其他组偏低，均低于 500μS/cm，而其他试验组阳极区土壤电导率却远高于此，这与 pH 的分布结果相似，也证明了磁场能够促进水的电解作用，生成更多的 $H^+$ 和 $OH^-$，所以土壤的电导率也就较高。

## 3.5　表面活性剂对电磁助修复污染土壤的增效作用

多溴联苯醚（polybrominated diphenyl ethers，PBDEs）由于价格低廉、性能优越的特点，作为添加性溴代阻燃剂广泛应用于电子电器、塑料、纺织品及防火材料等多个领域。PBDEs 通过挥发、渗出等方式进入环境后，在环境中难降解，具有较强的持久性、生物积累性、生物毒性和疏水性，易被土壤和颗粒物强烈吸附，其污染土壤的修复十分困难。表面活性剂可以降低水土界面张力、促进吸附在土壤上的污染物溶解到水中，提高生物可利用性。新型双子表面活性剂由于具有两个疏水基、两个亲水基的独特结构而表现出更优越的增溶性能，但其成本比普通表面活性剂高。目前研究重点主要集中于传统表面活性剂、传统表面活性剂的混合体系对污染物的增溶作用，还未见到双子表面活性剂或者双子与传统表面活性剂混合体系对土壤中 PBDEs 的增溶报道。

本部分研究以 4,4′-二溴联苯醚（BDE-15）为对象，采用 3 种传统表面活性剂［阳离子型十六烷基三甲基溴化铵（CTAB），阴离子型十二烷基硫酸钠（SDS），非离子型聚氧乙烯辛基苯酚醚（Triton X-100）］、1 种双子表面活性剂［十八烷基二甲基溴化铵（DODAB）］以及双子/传统混合表面活性剂对 BDE-15 污染土壤进行增溶研究，并选取一组复配效果最好的混合体系，考察了温度、固液比以及无机盐等影响因素对其增溶的影响。

## 3.5.1 试验介绍

### 3.5.1.1 PBDEs 污染土壤的制备

取一定量的 BDE-15 溶于正己烷中，与高岭土充分混匀后，置于通风橱中将正己烷完全挥发，制备质量浓度为 20mg/kg 的 BDE-15 污染土壤，装入棕色广口瓶中，盖塞密封。

### 3.5.1.2 表面活性剂溶液的制备

分别配制总浓度为 10000mg/L 的 DODAB、CTAB、SDS、Triton X-100、DODAB/CTAB（质量比 1∶1）、DODAB/SDS（质量比 1∶1）和 DODAB/Triton X-100（质量比 1∶1）的储备液，用蒸馏水稀释分别得到 500mg/L、1000mg/L、2000mg/L、4000mg/L、6000mg/L、8000mg/L、10000mg/L 的表面活性剂溶液。

### 3.5.1.3 试验方法

准确称取 1g 上述高岭土配制的 PBDEs 污染土壤于 50mL 锥形瓶中，加入 20mL 不同种类的表面活性剂溶液，密封后置于恒温振荡箱中，在 20℃ 和 160r/min 的条件下充分振荡 48h（预试验表明，振荡 48h 增溶达到平衡），振荡完成后以 10000r/min 的转速离心 30min，取 2mL 上清液于 10mL 的离心管中，加入 4mL 正己烷，再以 10000r/min 的转速离心 30min，小心移取上清液于棕色小瓶中，用气相色谱仪测定 BDE-15 的质量浓度。每组试验设置 3 个平行样。改变其他影响因素（温度、固液比、无机盐），重复上述过程后，测定水相 BDE-15 浓度。

#### 3.5.1.4 分析方法

采用气相色谱仪测定水相 BDE-15 的质量浓度，FID 检测器，色谱柱：RTX-5（30m×0.32mm×0.5μm）；进样口温度 280℃，检测器温度 320℃，程序升温条件：180℃恒温 5min，以 4℃/min 的升温速率上升至 210℃，恒温 3min，载气为高纯 $N_2$，进样量 1.0μL，不分流进样。

### 3.5.2 表面活性剂的增溶作用

#### 3.5.2.1 单一表面活性剂对 BDE-15 的增溶作用

研究了表面活性剂 Tween 80、Triton X-100、SDS、SDBS 在不同浓度下对 BDE-15 的增溶作用，结果如图 3-79 所示。从图 3-79 可知，4 种表面活性剂浓度在 CMC 值以下时，对 BDE-15 的增溶能力相对较弱，而在 CMC 值以上时，BDE-15 的表观溶解度随表面活性剂浓度的增加明显增大。这是因为，浓度低于 CMC 时，表面活性剂在溶液中以单体分子形式存在，而单体的增溶作用较弱，但当浓度超过 CMC 后，溶液中形成胶束，胶束具有疏水性有机微环境，使原来难溶的 BDE-15 溶解于胶束中，从而增加了 BDE-15 的溶解度。增溶曲线的线性回归数据见表 3-5。

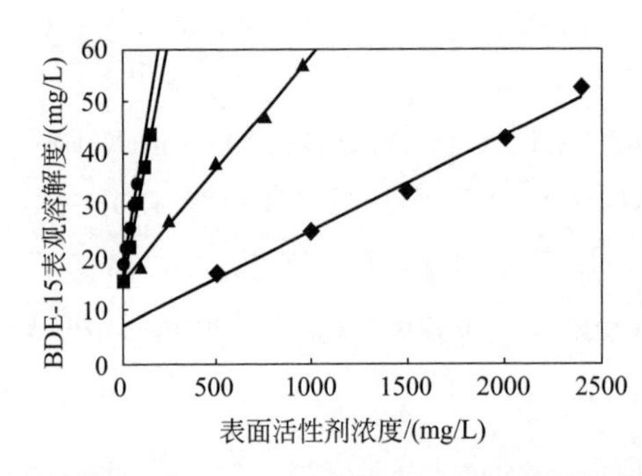


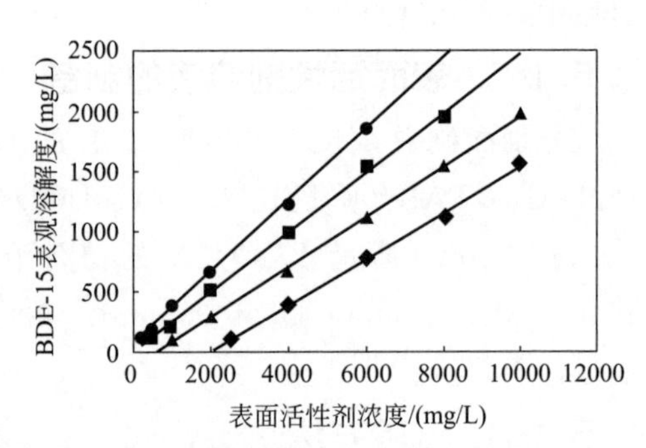


图 3-79　表面活性剂浓度对 BDE-15 增溶的影响

表面活性剂：● Tween 80；■ Triton X-100；▲ SDBS；◆ SDS

**表 3-5　4 种表面活性剂对 BDE-15 的增溶曲线的线性回归数据**

| 表面活性剂 | 浓度小于 CMC | 浓度大于 CMC | $K_{mn}$/(mL/g) | $K_{mic}$/(mL/g) |
|---|---|---|---|---|
| | 回归方程 $R^2$ | 回归方程 $R^2$ | | |
| Tween 80 | $y=0.2973x+65.927$<br>0.9986 | $y=0.2146x+17.202$<br>0.9966 | 0.2973 | $2.146\times10^5$ |
| Triton X-100 | $y=0.2475+4.3854$<br>0.9982 | $y=0.1871x+14.266$<br>0.9945 | 0.2475 | $1.871\times10^5$ |

续表

| 表面活性剂 | 浓度小于 CMC | 浓度大于 CMC | $K_{mn}$/(mL/g) | $K_{mic}$/(mL/g) |
|---|---|---|---|---|
| | 回归方程 $R^2$ | 回归方程 $R^2$ | | |
| SDBS | $y=0.2094-132.77$<br>0.9983 | $y=0.0434x+15.244$<br>0.9943 | 0.2094 | $4.34\times10^4$ |
| SDS | $y=0.1918-380.10$<br>0.9981 | $y=0.0183x+6.9897$<br>0.9934 | 0.1918 | $1.83\times10^4$ |

注：$x$ 表示各表面活性剂大于 CMC 时的任意浓度；$y$ 表示各表面活性剂浓度为 $x$ 时对应 BDE-15 的表观溶解度。

表面活性剂对有机物增溶作用的大小与表面活性剂单体、胶束浓度和溶质在单体/水、胶束/水介质间的分配系数有关，表达如下：

$$S'_w/S_w=1+C_{mn}K_{mn}+C_{mic}K_{mic} \tag{3-11}$$

式中　$S'_w$——表面活性剂总浓度为 $C_{surf}$ 时，溶质的表观溶解度，mg/L；

$S_w$——溶质在纯水中的表观溶解度，mg/L；

$C_{mn}$——表面活性剂单体的浓度，mg/L；

$C_{mic}$——表面面活性剂胶束的浓度，mg/L；

$K_{mn}$——溶质在单体-水中的分配系数；

$K_{mic}$——溶质在胶束-水中的分配系数。

在 CMC 以下时，$C_{mic}=0$；在 CMC 以上时，$C_{mn}$=CMC，$C_{mic}=C_{surf}-$CMC。

经数学推导，$K_{mn}$、$K_{mic}$ 与增容曲线的线性斜率 $K_1$ 和 $K_2$ 的关系如下：

$$K_{mn}=K_1\times10^6/S_w \tag{3-12}$$

$$K_{mic}=K_2\times10^6/S_w \tag{3-13}$$

式中　$K_1$——表面活性剂在 CMC 前增溶曲线线性回归方程的斜率；

$K_2$——表面活性剂在 CMC 后增溶曲线线性回归方程的斜率。

由式(3-12)、式(3-13) 计算得到的 $K_{mn}$、$K_{mic}$ 数据见表 3-5。

从图 3-79 和表 3-5 可以看出，4 种表面活性剂对 BDE-15 的增溶顺序为 Tween 80＞Triton X-100＞SDBS＞SDS，相应的 $K_{mn}$ 值为 0.2973、0.2475、0.2094、0.1918，$K_{mic}$ 值为 $2.146\times10^5$、$1.871\times10^5$、$4.34\times10^4$、$1.83\times10^4$。由此可见，BDE-15 在水中表观溶解度的增大与 BDE-15 在表面活性剂单体或胶束中的分配作用有关。对比可知，两种非离子表面活性剂的增溶能力远大于两种阴离子表面活性剂对 BDE-15 的增溶能力，这可能与非离子表面活性剂具有较低的 CMC 有关。

#### 3.5.2.2　混合表面活性对 BDE-15 的协同增溶作用

本书比较了不同质量比例的 Triton X-100 和 SDS、Tween 80 和 SDS、

Triton X-100 和 SDBS 以及 Tween 80 和 SDBS 混合表面活性剂对 BDE-15 的增溶作用，结果如图 3-80 所示。

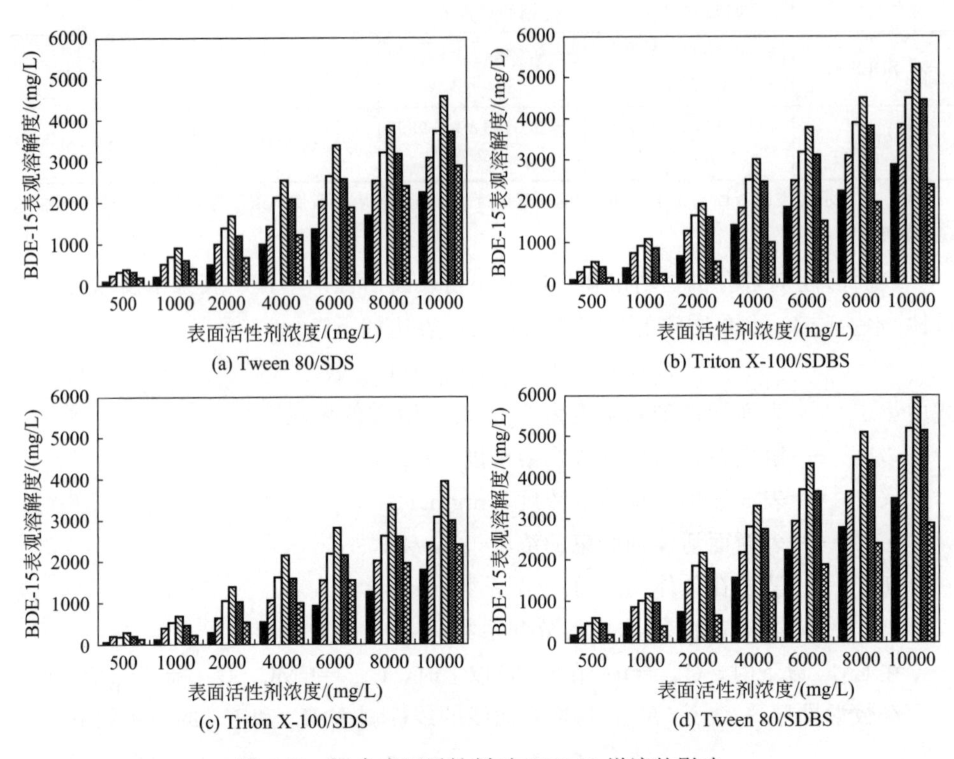


图 3-80 混合表面活性剂对 BDE-15 增溶的影响

非离子/阴离子表面活性剂质量比：■1∶9；▨3∶7；□5∶5；▧7∶3；▩9∶1；▦10∶0

由图 3-80 中均可看出，混合表面活性剂对 BDE-15 的增溶效果明显优于单一表面活性剂，混合表面活性剂质量比相同时，浓度越高，BDE-15 的溶解效果越好；且混合表面活性剂的增溶作用随着其中非离子比例先增加，后减小，在非离子/阴离子表面活性剂质量比为 7∶3 时增溶作用最大。其原因可能是：①两种表面活性剂混合后形成混合胶束，混合胶束的结构和性质发生变化，阴离子表面活性剂间的排斥力减小，胶束更容易形成，使得混合表面活性剂的临界胶束浓度大幅度下降，故增溶能力随非离子比例增加而增大；②非离子表面活性剂 Triton X-100、Tween 80 在土壤颗粒表面的吸附量大，混合表面活性剂中非离子比例过大反而导致其对 BDE-15 增溶能力的减弱，故在实际应用中，并不是非离子表面活性剂的比例越大越好，要加入适量的阴离子表面活性剂，才能达到更好的增溶效果。

另外，对比可知，混合表面活性剂浓度和质量比相同时，Tween 80/SDBS

混合表面活性剂的增溶效果最好。根据以上结果，选择增溶效果最好的 Tween 80/SDBS 混合表面活性剂进行后续试验。

### 3.5.2.3　表面活性剂的种类对土壤中 PBDEs 增溶效果的影响

研究了传统表面活性剂（阳离子表面活性剂 CTAB，阴离子表面活性剂 SDS，非离子表面活性剂 Triton X-100）、双子表面活性剂 DODAB 及双子/传统混合表面活性剂（质量比 1∶1）对 BDE-15 污染土壤的增溶作用，不同类型的单一和混合表面活性剂对土壤中 BDE-15 的增溶结果如图 3-81 所示。

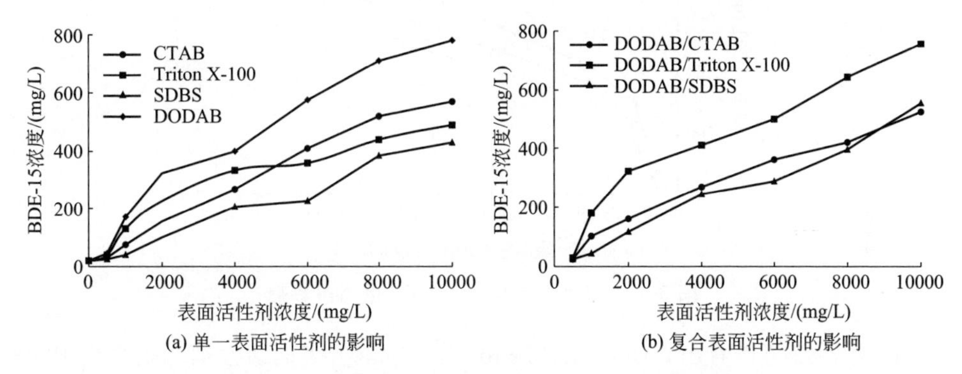


图 3-81　表面活性剂种类对土壤中 PBDEs 的增溶影响

从图 3-81(a) 中可以看出，不添加表面活性剂，也就是表面活性剂浓度为 0mg/L 时，由于土壤对污染物的强烈吸附，测得的 BDE-15 浓度非常低，仅为 18.151mg/L 左右。随着表面活性剂浓度的增加，BDE-15 的浓度明显增大。对于单一表面活性剂，浓度为 10000mg/L 时，CTAB、SDS、Triton X-100 以及 DODAB 溶液中 BDE-15 的浓度分别是纯水中的 31.8 倍、27 倍、23.5 倍、42.5 倍，这说明各种表面活性剂对 PBDEs 污染土壤均表现出增溶作用，且增溶作用的强弱为 DODAB＞CTAB＞Triton X-100＞SDS。双子表面活性剂 DODAB 的增溶作用明显强于传统表面活性剂，但 CMC 值大于传统表面活性剂 CTAB、Triton X-100，该现象与普遍认为的 CMC 值越低越易形成胶束、表面活性剂的增溶能力越强的观点相矛盾，这说明 CMC 值的大小并不能完全反映出表面活性剂的增溶能力。

由图 3-81(b) 可以看出，双子/非离子混合表面活性剂 DODAB/Triton X-100 对 PBDEs 污染土壤的增溶作用明显强于双子/离子混合表面活性剂，双子/阳离子混合表面活性剂的增溶作用反而低于混合前的单一阳离子表面活性剂。

根据以上结果，在同时考虑处理成本和处理效果的情况下，选择增溶能力较好的双子/非离子混合表面活性剂 DODAB/Triton X-100（质量比 1∶1）进行后续影响因素优化试验。

#### 3.5.2.4 温度对土壤中 PBDEs 增溶效果的影响

选用 DODAB/Triton X-100 混合表面活性剂（质量比 1∶1），在固液比为 1∶20 的条件下，通过三个生产和生活过程中常见温度：20℃、25℃和 30℃的平行试验来考察温度对土壤中 BDE-15 增溶效果的影响，结果如图 3-82 所示。

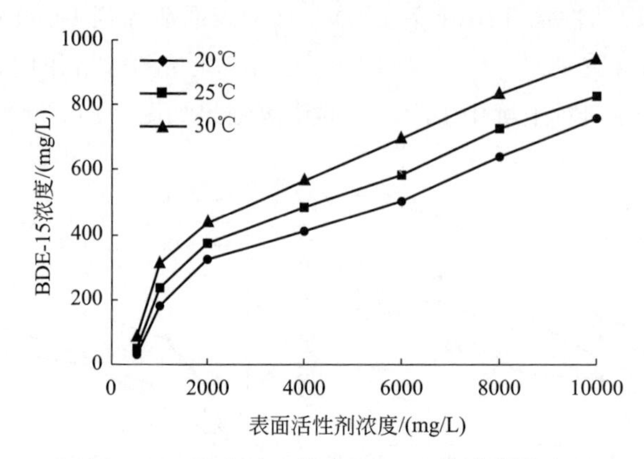


图 3-82 温度对土壤中 PBDEs 的增溶影响

由图 3-82 可以看出，DODAB/Triton X-100 混合表面活性剂对土壤中 BDE-15 的增溶效果随着温度的升高而增大，温度升高，表面活性剂分子的热运动加快，胶束对 BDE-15 的溶解空间增大，因而被增溶的 BDE-15 浓度增大。温度对增溶作用的影响与表面活性剂的类型和被增溶物的性质有关，本试验采用的 DODAB/Triton X-100 混合表面活性剂中含有非离子表面活性剂 Triton X-100，理论上随着温度升高，非离子表面活性剂的醚键与水分子相分离，增溶作用将减弱，但是 Triton X-100 与双子表面活性剂复配形成混合胶束后，降低了界面张力，减弱了混合体系对高温的敏感度，故在 30℃时混合表面活性剂对土壤中 BDE-15 的增溶作用仍在增强。因此，本试验最佳的温度条件为 30℃。

#### 3.5.2.5 固液比对土壤中 PBDEs 增溶效果的影响

选用 DODAB/Triton X-100 混合表面活性剂（质量比 1∶1），在温度为 30℃的条件下，通过三个固液比为 1∶10、1∶20、1∶30 的平行试验来考察固液比对土壤中 BDE-15 增溶效果的影响，结果如图 3-83 所示。

由图 3-83 可以明显看出，固液比为 1∶10 时，DODAB/Triton X-100 混合表面活性剂对土壤中 BDE-15 的增溶作用最小，如混合表面活性剂浓度均为 10000mg/L，固液比为 1∶20、1∶30 条件下测得的 BDE-15 的浓度分别是固液比为 1∶10 时的 2.178 倍和 2.30 倍，这是因为固液比为 1∶10 时，混合表面活性剂的总量少，而土壤对混合表面活性剂的吸附量不变，因此用于增溶的表面活

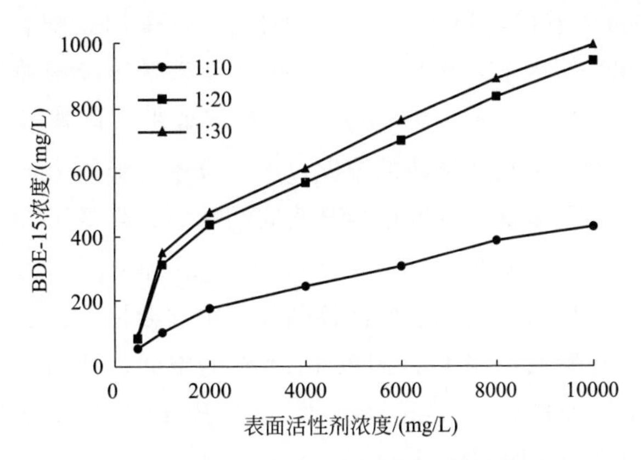


图 3-83 固液比对土壤中 PBDEs 的增溶影响

性剂的有效量较少，即使混合体系的浓度达到其 CMC 值，形成的胶束数量仍较少，故对土壤中 BDE-15 的增溶作用小。对比固液比分别为 1∶30 和 1∶20 时测得的 BDE-15 的浓度，两者变化不大，这说明当混合表面活性剂容量和土壤的比例在 20∶1 时，即可获得较好增溶效果，继续增加混合表面活性剂用量，增溶作用难以进一步提高，反而大大增加了土壤修复的成本。因此，本试验最佳的固液比为 1∶20。

### 3.5.2.6 无机盐对土壤中 PBDEs 增溶效果的影响

无机盐在实际土壤中广泛存在，对实际 PBDEs 污染土壤进行增溶修复时，其中的无机盐势必会对增溶效果产生一定影响。选用 DODAB/Triton X-100 混合表面活性剂（质量比 1∶1）、常见无机盐 NaCl，在温度为 30℃、固液比为 1∶20 的条件下，通过添加不同量 NaCl 的平行试验来考察无机盐对土壤中 BDE-15 增溶效果的影响，结果如图 3-84 所示。

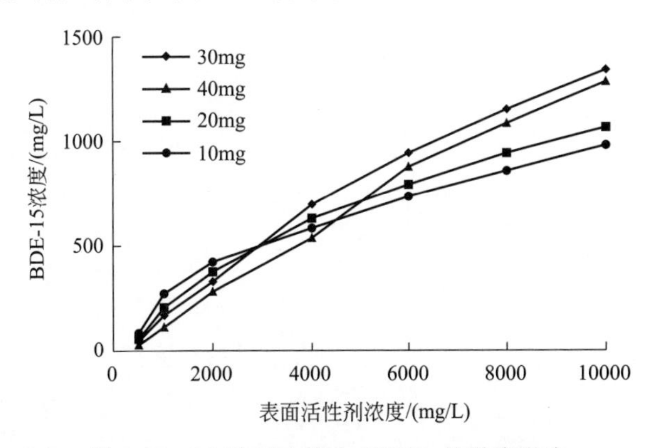


图 3-84 NaCl 对土壤中 PBDEs 的增溶影响

从图3-84中可以看出，当NaCl加入量小于30mg时，随着NaCl加入量的增大，土壤中BDE-15增溶效果加强；当NaCl加入量继续增加到40mg时，不同浓度的混合表面活性剂对土壤中BDE-15的增溶效果整体减弱。这是因为无机盐的加入增加了溶液中无机电解质的浓度，由于分子间作用力，无机电解质在形成胶束的过程中减弱了表面活性剂极性基头间的斥力，降低了表面张力，从而加强了土壤中BDE-15增溶效果。同时，溶液中NaCl加入量增大到40mg时，无机电解质浓度进一步增大，引起表面活性剂胶束中“栅栏”分子间的相互作用力减少，分子间排列更紧密，减少了BDE-15吸附的空间，使BDE-15的增溶效果降低，故当NaCl加入量超过30mg后，土壤中BDE-15的增溶效果反而减弱。因此本试验最佳的NaCl加入量为30mg。

# 第4章 脉冲放电等离子体快速修复技术

## 4.1 等离子体及技术概述

等离子体是一种由自由电子和带电离子为主要成分的物质形态，是区别于固态、液态、气态之外，物质存在的第四种状态。1928年Langmuir等第一次提出了等离子体（plasma）的概念，以后的研究人员发现了等离子体的一些独有的性质，这些性质主要有：能量大，如高能电子和离子；有类似于金属的导电性能；易发生化学反应；在放电的过程中能够发光，可以做照明灯。这主要是因为等离子体存在正离子和电子，当等离子体发生时，分子的原子分离，接着原子外的电子被电离，失去电子的原子变成正离子，这样物质就变成正电子和离子组成的混合物质，即物质的第四态。

按照不同的分类方式可以把等离子体分为不同的类别。其中，按照热力学平衡分类可以分为：完全热力学平衡等离子体；局部热力学平衡等离子体；非热力学平衡等离子体。完全热平衡等离子体为高温等离子体，太阳的内部核聚变属于这类；局部热力学平衡等离子体，在其局部粒子、电子和离子达到热力学一致；非热力学平衡等离子体，也称低温等离子体，这类等离子体应用比较广泛，包括辉光放电等离子体、介质阻挡放电等离子体、脉冲放电等离子体等。

低温等离子体中的脉冲放电等离子体技术（pulsed discharge plasma，PDP），其特点为用窄脉宽脉冲电源供能，产生的脉冲电压具有前沿陡峭（上升时间可达ns级），脉宽窄（$\mu$S级）的特点，可以在极短时间内将电子加速成高能电子。在脉冲放电过程中，由于电压瞬间达到放电电压，而离子的迁移率又远小于电子，故而使得电子获得了大部分能量，而没有用于气体分子的加热，因此脉冲放电电晕具有较高的电子温度和接近室温的气体温度。脉冲电晕放电相较于其他形式的电晕放电，具有以下优点：能量效率高，大部分能量用于产生高能电子；活性粒子浓度高，比直流电晕放电大几个数量级；电晕区大，活性空间大于直流电晕放电；放电空间电子密度大，空间电荷效应明显。

脉冲放电等离子体降解有机污染物的主要原理为活性物质氧化和粒子非弹性碰撞。一方面，高能电子与放电空间的载气发生非弹性碰撞，将电子能量转化成载气分子的内能，使载气分子激发、电离及离解，产生一系列强氧化性的活性物质。此外，高能电子能与污染物分子直接碰撞，使污染物处于激发态，甚至离解。另一方面，高能电子碰撞产生的活性物质直接或者间接攻击污染物，使之氧化降解。此外，放电过程中还伴随着紫外辐射、高温热解、冲击波等效应，这些效应也作用于有机污染物，促使污染物降解。

在脉冲放电等离子体技术处理污染物的过程中，不同电极结构形式放电效果有非常大的差别。一般来说，常用的电极形式有线-筒式、针-板式、线-板式等类型，如图 4-1（a）～（c）所示。在脉冲电晕放电的过程中，产生电流的强度受电极形状、电极间距、电气参数、载气性质及密度等因素影响。

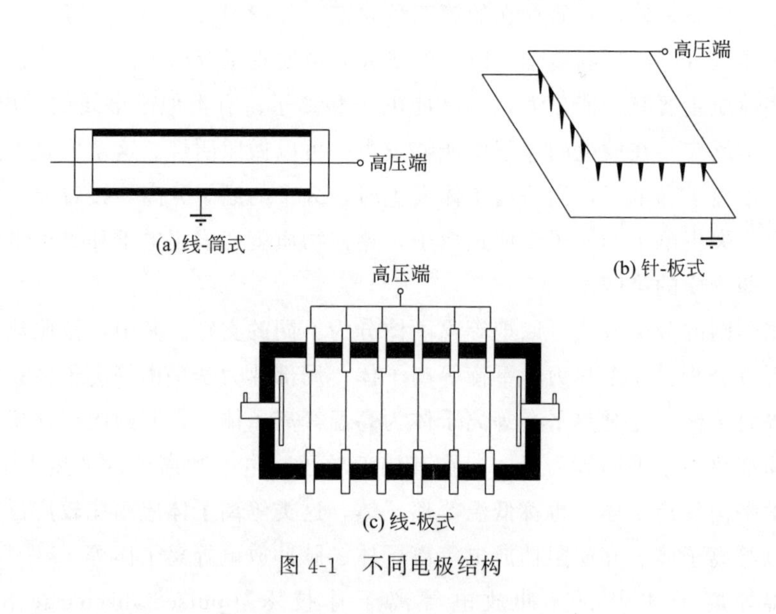


图 4-1　不同电极结构

## 4.2　脉冲放电等离子体快速修复技术

### 4.2.1　概述

针对土壤有机污染，特别是难降解且危害严重的 POPs 污染土壤，建立基于脉冲放电等离子体的土壤修复体系。选取多环芳烃中的芘以及对硝基酚（paranitrophenol，PNP）为目标污染物，考察所建立脉冲放电等离子体体系中有机污染土壤的修复效果，说明脉冲放电等离子体土壤修复体系的可行性与有效性；考察体系中关键参数对有机污染土壤修复效果的影响，优化修复操作参数；同时，通过活性物种测定及中间产物初步测定，探究脉冲放电等离子体用于修复有机污染土壤的作用机理。

基于现有针对有机污染土壤修复过程存在的诸多弊端，结合脉冲放电等离子体用于有机污染物降解的高效性特点，建立基于脉冲放电等离子体的土壤修复体系，对提高有机污染土壤修复效率、拓展有机污染土壤修复方法，具有重要意义。脉冲放电等离子体是高级氧化技术中的一种，其作用过程可以形成多种化学及物理效应，而在大气污染治理及水污染治理领域备受关注，其用于难生物降解有机污染物的有效降解作用亦被证实。将该技术引入土壤修复领域，既可以实现POPs 污染土壤的有效修复，又可以丰富污染土壤修复技术体系，并拓宽脉冲放电等离子体技术自身的研究、应用范围，充分发挥其应用潜力。

针对有机污染土壤的普遍性和危害性，选取多环芳烃中的芘及硝基酚为目标污染物，配制模拟 POPs 污染土壤，依托于脉冲放电等离子体污染处理技术，研发基于脉冲放电等离子体的污染土壤修复体系，构建一个高效、可控的 POPs 污染土壤的高级氧化修复体系，通过考察修复系统参数对修复效果的影响规律优化系统操作参数；在此基础上考察关键土壤参数（粒径、pH、含水率）和污染物参数（有机污染物初始浓度和重金属添加浓度）对有机修复效果的影响规律，明确修复体系中影响修复效果的主要因素；最后从有机物降解产物、活性物种产量、能量效率三个方面初步分析脉冲放电等离子体技术用于土壤修复的机理及可行性。具体开展以下几个方面的研究工作。

（1）基于脉冲放电等离子体技术的有机污染土壤修复体系构建及影响因素考察　设计并加工针-网电极形式和网-网电极形式的脉冲放电等离子体发生装置，构建相应的污染土壤修复体系；选取典型的持久性有机污染物——芘（pyrene）和对硝基酚（*p*-nitrophenol，PNP），考察不同电气参数、载气参数和土壤参数下有机物的降解效果，优化并确立所构建的脉冲放电等离子体体系用于修复有机污染土壤的等离子体发生条件和试验操作条件。

（2）脉冲放电等离子体/黏土矿物联合修复有机-重金属复合污染土壤效果及规律　以脉冲放电等离子体修复有机污染土壤的研究结果为基础，分别考察重金属离子［Cr（Ⅵ）和 $Cu^{2+}$］添加和黏土矿物（高岭土）添加对修复体系中有机物降解的影响规律：研究重金属添加对修复体系中有机物降解效果的影响规律及重金属自身的还原规律；证明黏土矿物添加对脉冲放电等离子体体系中有机物降解的协同作用，确定较优的黏土矿物添加方式及添加条件。

（3）脉冲放电等离子体修复有机污染土壤效果及机理　以脉冲放电等离子体

作用后有机污染土壤的降解产物和修复体系中臭氧浓度测定为考察指标，初步探究脉冲放电等离子体用于有机物污染土壤修复的作用机理。

（4）脉冲放电等离子体/黏土矿物联合体系修复污染土壤效果及机理　以所构建的脉冲放电等离子体和脉冲放电等离子体/黏土矿物修复污染土壤的研究结果为基础，通过光谱分析考察系统中主要活性自由基（·OH 和·O）含量变化，化学分析系统中的 $O_3$ 含量，分析并鉴定有机物的降解产物，说明黏土矿物的协同机理、有机物的降解机理和重金属添加对有机污染土壤修复的影响。

## 4.2.2 土壤性质及分析方法

（1）土壤采集　在选择土壤方面，与镇江市环境监测中心联系，了解到镇江的土壤污染分布状况，以保证所采集土壤污染物含量小，满足试验要求。本书研究用土均采自江苏省镇江市南山风景区内。在采集土壤时先去掉表层约 10cm 的土壤，然后取下面 10～30cm 的土壤，装袋。带回的土壤平铺在阴凉处风干，研磨，过 2mm 的筛网，储存备用。

参考鲁如坤所介绍的常规土壤分析方法，测定所采集土壤的基本性质，结果列于表 4-1 中。

**表 4-1　土壤性质测定结果**

| 土壤性质 | 分析结果 | 土壤性质 | 分析结果 |
| --- | --- | --- | --- |
| 原土含水率/% | 7.05 | 土壤有机质/(g/kg) | 8.86 |
| 100mg/kg 芘污染土壤含水率/% | 5.0 | 土壤阳离子交换量/(cmol/kg) | 6.57 |
| 土壤 pH | 6.04 | | |

（2）土壤 pH 的测定方法　称取 10g 过 1mm 筛的风干土样于 50mL 的烧杯中，加入 25mL 无 $CO_2$ 蒸馏水，用玻璃棒混合均匀，静置 30min，同时注意避免空气中氨或挥发性酸等气体的影响。将校准后的 pH 计电极插入土壤悬液中，读取 pH 值。每份样品测量结束后即用蒸馏水冲洗电极，并用干滤纸将水吸干。

（3）土壤含水率的测定方法　将小铝盒在 105℃的烘箱中烘烤约 2h，置于干燥器中冷却至室温，准确称量至 0.001g。取风干土样约 20g，导入小铝盒中，盖好，称量，精确到 0.001g。将小铝盒盖置于盒底，放入 105℃的烘箱中 6h。烘好后，取出，盖好，移入干燥器中，冷却至室温，立即称重。平行测定两次，取平均值。

计算公式为：

$$含水率=\frac{m_1-m_2}{m_2-m_0}\times 100\% \tag{4-1}$$

式中　$m_0$——烘干铝盒质量，g；

$m_1$——未烘干的铝盒与土样质量，g；

$m_2$——烘干后的铝盒与土样质量，g。

（4）土壤有机质的测定方法　土样有机质的测定采用重铬酸钾容量-外加热法。风干土样过 100 目筛，取 0.5g 左右（记下准确数据，精确到 0.0001g）置于硬质试管中，准确加入 5mL 0.8000mol/L（$1/6K_2Cr_2O_7$），用注射器加入 5mL 浓硫酸，摇匀，盖上弯颈漏斗。标准溶液取 10 个试管置于自动控温的铝块管座中，要求放入后温度在 170～180℃，以后的温度稳定在 170～180℃，有气泡产生时，开始计时，5min 后取出试管冷却，将试管中的溶液倒入 250mL 的锥形瓶中，用水洗干净试管及漏斗，冲洗液一并倒入锥形瓶中，使得总体积为 60～70mL。加入 2～3 滴邻菲罗啉指示剂，用 0.2mol/L 硫酸亚铁滴定，不断摇匀，直到溶液从棕红色经紫色到暗绿色（灰蓝绿色），记下消耗的 $FeSO_4$ 的体积。

计算公式为：

$$土壤有机碳(g/kg)=\frac{\frac{c\times 5}{V_0}\times(V_0-V)\times 10^{-3}\times 3.0\times 1.1}{m\times k}\times 1000 \tag{4-2}$$

式中　$c$——（$1/6K_2Cr_2O_7$）标准溶液，0.8000mol/L；

5——重铬酸钾溶液体积，mL；

$V_0$——空白消耗 $FeSO_4$ 体积，mL；

$V$——样品消耗 $FeSO_4$ 体积，mL；

3.0——1/4 碳原子摩尔质量，g/mol；

$10^{-3}$——将毫升换算成升；

1.1——氧化校正系数；

$m$——风干土样质量，g；

$k$——将风干土换算成烘干土的系数。

$$土壤有机质(g/kg)=土壤有机碳(g/kg)\times 1.724 \tag{4-3}$$

（5）土壤阳离子交换量的测定方法　土样的阳离子交换量采用的方法是 $BaCl_2$-$MgSO_4$（强迫交换）法。准确称取 2.00g 风干土样，置于 30mL 离心管中，加入 20.0mL 0.1mol/L $BaCl_2$，塞紧胶塞，振荡 2h。然后在 10000r/min 下离心 5min，弃去上清液。加入 20mL 0.002mol/L $BaCl_2$，塞紧胶塞，先剧烈振荡，然后再振荡 1h，离心，弃去上清液。重复上述步骤两次。在第三次离心前，测定悬浊液的 pH。弃去第三次上清液后，加入 10.00mL 0.01mol/L（$1/2MgSO_4$）进行强迫交换，搅拌均匀，放置 1h。测定悬浊液的电导率 $EC_{susp}$ 和离子强度参比液［0.003mol/L（1/2$MgSO_4$）］的电导率$EC_{ref}$。因为试验$EC_{susp}<EC_{ref}$，逐渐加入0.01mol/L（1/2$MgSO_4$）溶液，直到$EC_{susp}=EC_{ref}$，记录加入0.01mol/L（1/2$MgSO_4$）的总体积$V_2$。

$$\text{土壤阳离子交换量 CEC(cmol/kg)}=\frac{(0.1+c_2V_2-c_3V_3)\times 100}{m} \tag{4-4}$$

式中　0.1——强迫交换时加入的10mL 0.01mol/L（1/2$MgSO_4$）；

$c_2$——0.01mol/L；

$V_2$——调节电导率消耗的0.01mol/L（1/2$MgSO_4$）的体积，mL；

$c_3$——0.03mol/L；

$V_3$——悬浊液最终体积［（$m_1-m_0$）+2.00g］，mL；

$m$——土样质量，kg。

### 4.2.3 芘污染土壤的配制及芘的提取与分析方法

（1）不同芘污染土壤的配制方法　查阅相关文献，分别称取100g经预处理后的土壤样品，放入500mL具塞三角瓶中，向三角瓶中分别加入配制好的1000mg/L芘丙酮标准溶液10mL、20mL、30mL，再分别加入100mL左右的丙酮溶液，盖塞摇匀，置入恒温振荡器中振荡4h。振荡完毕后，取出三角瓶，将混匀的芘污染土壤溶液分别倒入三个托盘内，将托盘放到通风橱内通风12h，待丙酮完全挥发至托盘恒重后，将土壤研磨过2mm筛网，得到初始浓度分别为100mg/kg、200mg/kg、300mg/kg的芘污染土壤，收集储存到棕色玻璃瓶中备用。

（2）不同初始pH芘模拟污染土的配制方法　称取一定量预处理过的土壤样品，加入去离子水至水土比为2.5mL∶1mg，用0.1mol/L NaOH或0.1mol/L HCl调节pH至4.0、6.0和9.0，每隔24h调节1次，培养至pH基本保持不变，自然晾干，最后得到pH分别为4.0、6.0和9.0的土壤样品。再利用（1）中同样的方法配制得到初始浓度为100mg/kg不同初始pH的模拟污染土样品，收集到棕色玻璃瓶中备用。

（3）不同粒径芘污染土壤的配制　首先将预处理过的土壤过不同筛网（1mm或2mm），取500g置于1L三角瓶中，加入50mL 1000mg/L芘的丙酮溶液，再加入450mL丙酮，恒温箱中振荡4h，接着置于通风橱直到挥发完全，而后过筛网，有大颗粒进行研磨，再次过筛网，最后存于棕色瓶中备用。

（4）不同初始含水率芘污染土壤的配制　试验测得配制好的100mg/kg芘污染土壤样品的含水率为5%，所以不用再次配制。在10%和15%的土壤配制时，是将污染土壤平铺到反应器上，然后均匀喷洒一定比例的去离子水配制10%和

15%的污染土壤。

（5）不同芘初始浓度土壤的配制　不同芘浓度土壤的配制与 100mg/kg 的配制方法相同，但是加入芘污染物的量是不同的，配制 500g 200mg/kg 的芘污染土壤需加入 100mL 1000mg/L 的芘丙酮溶液和 400mL 的丙酮，配制 500g 300mg/kg 的芘污染土壤需加入 150mL 1000mg/L 的芘丙酮溶液和 350mL 的丙酮。

（6）土壤中芘的提取方法　提取方法主要步骤包括萃取、超声、离心、过柱等。

① 萃取　用电子天平准确称取 2.000g 土壤样品到 40mL 的带硅胶垫的玻璃离心瓶中，加入 1.0g 无水碳酸钠（加碳酸钠目的是为了吸水，需要将碳酸钠于 450℃下煅烧 4h），混匀。准确向玻璃离心管中加入 20mL 体积比为 1∶1 的丙酮和二氯甲烷的混合萃取液，立刻在瓶口加上薄薄的锡纸，快速盖上盖子，防止挥发。

② 超声　将加入萃取液的玻璃离心管摇匀，超声 60min，超声前加入冰袋，控制温度在 30℃以下。

③ 离心　超声后的离心管置于离心机中，调节离心机转速至 1500r/min，离心 10min。

④ 过柱　离心后将上清液过色谱柱。此步骤需先进行装柱，即将色谱柱竖立在通风橱中，向色谱柱中加入 5g 200～300 目的色谱硅胶，再加入 1g 无水硫酸钠，接着向色谱柱中加入 15mL 正己烷来活化硅胶色谱柱。当正己烷将要流完时，把下端的小瓶子换成梨形瓶接洗脱液，然后玻璃离心管的上清液取 5.0mL 进行过柱，上清液流完时加入 10mL 丙酮与正己烷的混合溶液（体积比 1∶1）洗脱三次。

洗脱完成后，将梨形瓶放到真空旋转蒸发仪上，以 40℃的恒温将萃取液蒸发，而后取下梨形瓶，加入 2mL 甲醇，再加入少量的无水硫酸钠，缓慢旋转梨形瓶用来涮洗，然后用 5mL 的玻璃注射器吸取梨形瓶中的溶液，过 0.22μm 的有机滤膜到液相色谱样品瓶中，待测。

（7）芘的分析方法

① 芘的 HPLC 分析条件　研究采用高效液相色谱仪分析提取的芘甲醇溶液。本书所用高效液相色谱仪为岛津公司的 LC-10AT，使用的色谱柱为 Waters 公司的 Symmetry C18 5μm 色谱柱，尺寸为 4.6mm×250mm。液相的流动相为 90%甲醇∶10%的纯净水，柱温为 30℃，最大柱压为 18MPa，检测波长为 234nm，流速为 1mL/min，进样量为 40μL，保留时间为 12min。在 10.3min 可以得到芘

的波峰，图 4-2 为芘高效液相色谱分析图。图 4-3 为脉冲放电处理 100mg/kg 芘污染土壤 45min 后的高效液相色谱图。

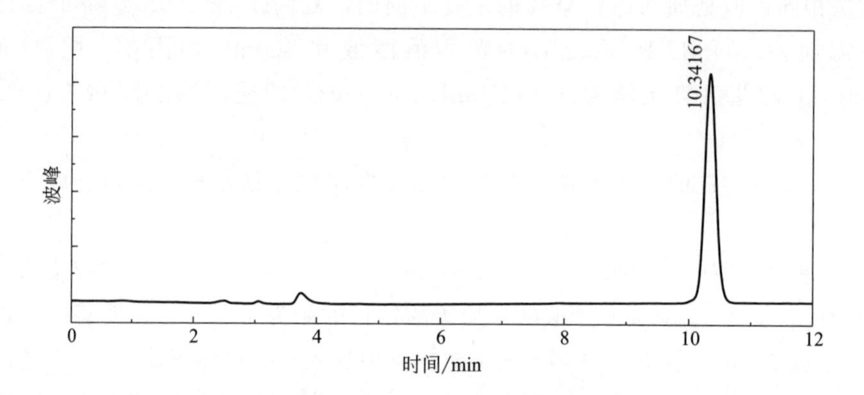


图 4-2　芘高效液相色谱分析图

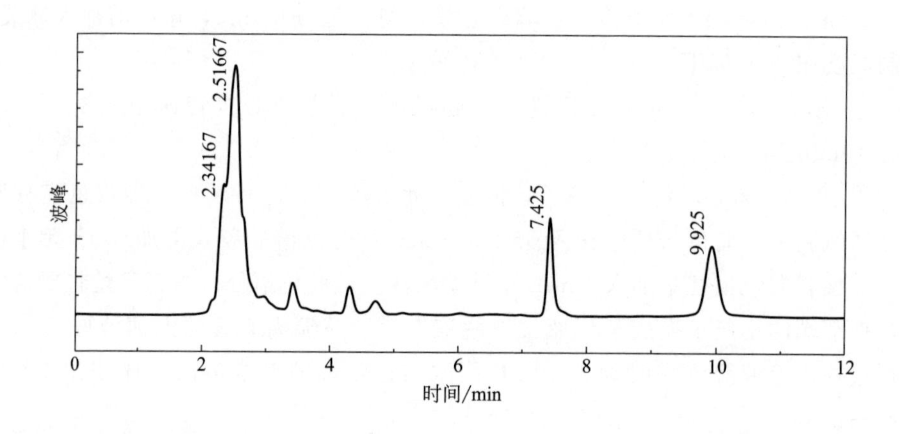


图 4-3　100mg/kg 芘污染土壤 PDP 处理 45min 的高效液相色谱图

② 芘的 HPLC 标准曲线　配制初始浓度分别为 0mg/L、5mg/L、10mg/L、20mg/L、50mg/L、100mg/L 芘的甲醇溶液，用 HPLC 测定各浓度芘溶液的峰值面积，记录，作图，得到芘的 HPLC 标准曲线，如图 4-4 所示。标准曲线的标准方差值为 0.997，满足分析要求。

③ 芘降解产物的 GC-MS 分析　将提取好的芘甲醇溶液进行 GC-MS 分析。用到的 GC-MS 为 Agilent 公司的 6890N/59785B。抽真空 24h，气质的分析条件如下，在气相方面：气体为氦气，前进样口分流比为 10∶1，分流流量为 15.0mL/min，初始温度为 220℃，压力为 16.17 psi（1psi＝6894.76Pa）。色谱

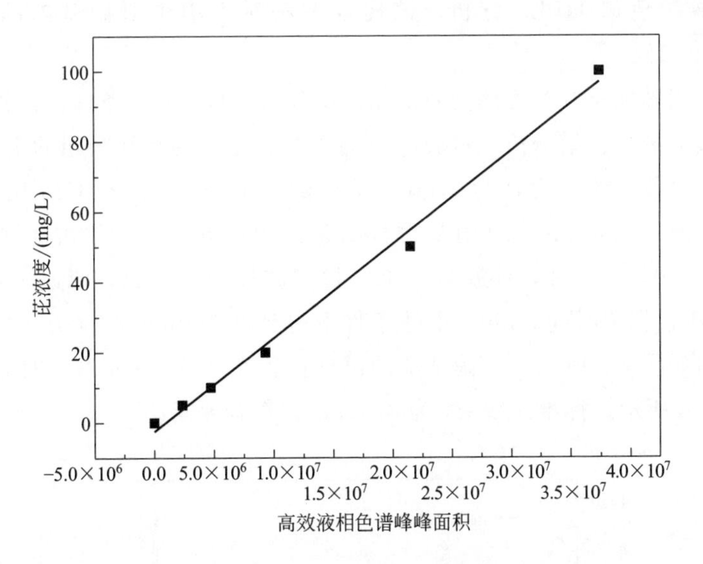


图 4-4 芘的 HPLC 标准曲线

柱型号为 Agilent HP-5MS，该柱为（5%苯基）甲基聚硅氧烷，额定长度为 30.0m，额定内径为 250μm，额定膜厚度为 0.25μm，初始流量为 1.5mL/min。升温程序为：初始温度为 100℃，最高温度为 325℃，以 20℃/min 升至 250℃，保持 2min，然后以 10℃/min 升温至 280℃，保持 5min，分析后温度为 70℃，总时间为 17.50min。质谱的设定为：离子源温度为 230℃，最大值为 250℃，离子化能量为 69.922。扫描方式为全扫描，扫描的质量数范围为 30～450。

## 4.2.4 对硝基酚污染土壤的配制及对硝基酚的提取与分析方法

（1）不同硝基酚（PNP）浓度污染土壤的配制方法　与 4.2.3（1）中不同芘初始浓度模拟污染土的配制方法相同，只将 1000mg/L 芘丙酮标准溶液改为 1000mg/L 对硝基酚水标准溶液。

（2）不同初始 pH 对硝基酚模拟污染土的配制方法　与 4.2.3（2）中不同初始 pH 芘模拟污染土的配制方法相同，只将最后的 pH 水平调节为 4.1、6.3 和 9.5。

（3）土壤中硝基酚的提取方法　采用去离子水提取土壤中的对硝基酚。将待测样品置于 100mL 锥形瓶中，加入 40mL 的去离子水，在气浴恒温振荡器以 250r/min 振荡 2h，然后将锥形瓶中的溶液倒入 50mL 塑料离心瓶中，将离心瓶置入离心机中，以 5000r/min 的速度离心 15min，用 5mL 玻璃注射器吸取上清液过 0.45μm 水相滤膜，最后所得溶液注射入 2mL 棕色色谱瓶中保存，待进高效液相色谱 HPLC 分析。该提取方法对土壤中对硝基酚的回收率在88.6%～99.3%。

(4) 对硝基酚及其产物的高效液相色谱分析（HPLC）条件　将提取的对硝基酚水溶液上液相色谱分析。试验所用 HPLC 色谱仪为岛津公司的 LC-10AT 型色谱仪，配套使用的色谱柱为 Waters 公司的 5μm Symmetry C18 反相色谱柱，尺寸为4.6mm×250mm。对硝基酚检测条件为：流动相为甲醇∶纯净水（含1%乙酸）=70%∶30%，柱温为30℃，检测波长为315nm，流速1.0mL/min，进样量40μL，保留时间5min。上述条件下得到的100mg/L 对硝基酚水溶液标样的色谱图如图4-5所示，对硝基酚的出峰位置在3.9min 左右。对硝基酚标准曲线如图4-6所示，标准曲线 $R^2$ 为0.99997，符合要求。

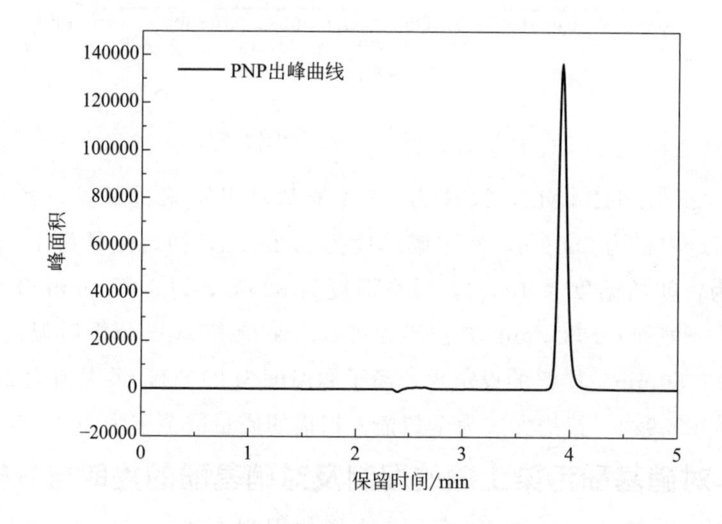


图4-5　对硝基酚水溶液标样的 HPLC 色谱图

## 4.2.5　有机物-铬污染土壤的配制及分析方法

(1) 芘-铬污染土壤的配制方法　取配制好的芘污染土壤500g，平铺，取50mL 1000mg/L 的重铬酸钾溶液，将铬溶液均匀喷洒到芘污染土壤表面，风干后，混匀保存。后测定芘与铬的回收率是否符合要求。

(2) 铬的提取方法　铬的提取方法参照 GB 5085.3—2007。取2.5g 处理好的样品放入250mL 的消解器中，加入50mL 消解液（消解液为20.0g NaOH 与30.0g $Na_2CO_3$ 溶于水，定容到1L 的容量瓶中，放到聚乙烯瓶中保存，pH 要大于11.5），接着加入400mg $MgCl_2$ 和0.5mL 1.0mol/L 的磷酸缓冲溶液

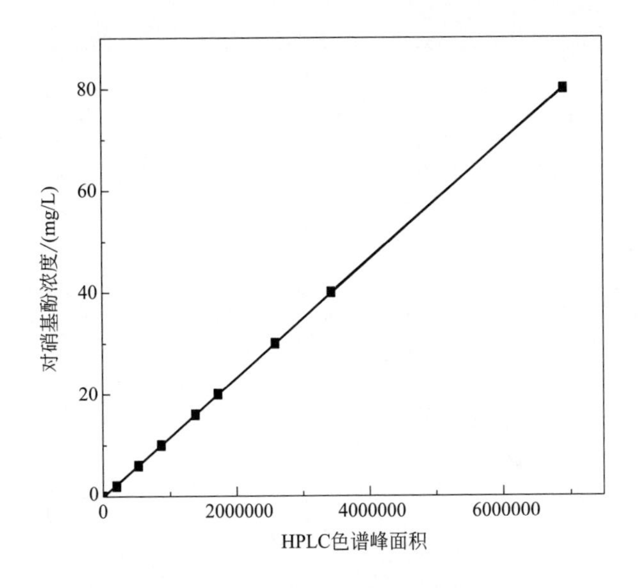


图 4-6　对硝基酚 HPLC 标准曲线

(均为 0.5mol/L 的 $K_2HPO_4+KH_2PO_4$ 水溶液)。不加热搅拌 5min，在 90～95℃下搅拌 1h。冷却至室温，用去离子水冲洗 3 次，用 0.45μm 滤膜过滤，转移到 250mL 的烧杯中。在搅拌器的搅拌下，逐渐滴加 5.0mol/L $HNO_3$，调节 pH=7.5±0.5，超出 pH 范围，弃去，重新消解，如有絮状沉淀，用 0.45μm 滤膜过滤。以上过程最好在通风橱中完成，这样可以避免 $CO_2$ 的干扰。

而后清洗，洗涤，转入烧杯中，转入 100mL 容量瓶中，用去离子水进行定容，混合均匀后马上分析。

(3) 铬的分析方法　六价铬采用的是二苯碳酰二肼分光光度法分析。由于本试验配制的六价铬土壤回收率比较好，所以无须考虑还原性物质、有机物和次氯酸盐氧化物质的干扰。分析六价铬时，称量 2.50g 土壤，取适量的消解于 50mL 的比色管中，用水稀释到 50mL 标线，依次加入 0.5mL 硫酸和 0.5mL 磷酸，摇匀，加入 2.0mL 显色剂 (0.2g 二苯碳酰二肼溶于 50mL 丙酮中，加水稀释至 100mL，储存于棕色瓶中，保存于低温环境)，10min 后用紫外-可见分光光度计在 540nm 处分析，减去水的空白吸光度，测得的吸光度根据铬标准曲线求得浓度。制作标准曲线选用六价铬在 50mL 比色管中的量分别为 0μg、0.5μg、1.0μg、2.0μg、5.0μg、10.0μg，其标准曲线如图 4-7 所示，标准曲线的线性关系为 0.99957，满足要求。

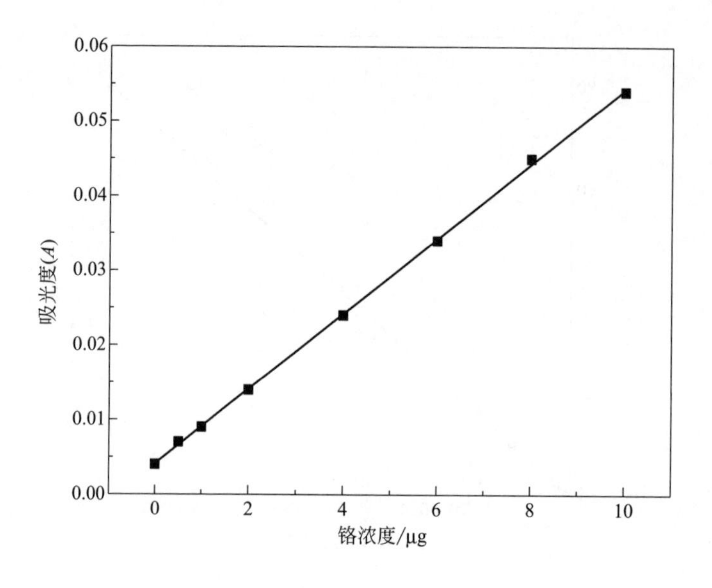


图 4-7　六价铬溶液 UV-Vis 标准曲线

## 4.3　针-网式脉冲放电等离子体修复芘污染土壤体系的建立与优化

### 4.3.1　针-网式脉冲放电等离子体土壤修复体系

图 4-8 是研究所用的脉冲放电等离子体土壤修复系统示意图。该土壤修复体系主要由三部分组成，分别是脉冲电源、电气监测系统和反应器。脉冲电源为旋转火花隙式脉冲电源，电源系统的主要电气参数为：峰值电压 0～60kV 连续可调；脉冲频率 0～150Hz 连续可变。电气监测系统包括电压探头、电流探头和示波器。电压探头和电流探头用以采集放电系统中的电压、电流信号，最后由示波器显示并记录相应的电压、电流参数及波形。试验中典型的电压及电流波形图如图 4-9 所示。修复体系的主体为反应器，由高度为 100mm、外径为 110mm、内径为 80mm 的有机玻璃圆筒制成，反应体系的电极形式为多针-板式，其中，接地电极置于有机玻璃圆筒下部，为包裹有 200 目不锈钢网的有孔有机玻璃板，其直径为 80mm，放电电极为 9 根 12 号不锈钢针头均匀分布于直径为 70mm 的橡胶圆板上（截面图如图 4-10 所示）。反应体系的载气由气泵经流量计由反应器上部的进气口进入，由反应器下部的出气口排出，试验过程的载气由气泵泵入空气供给，载气量由流量计调节控制。

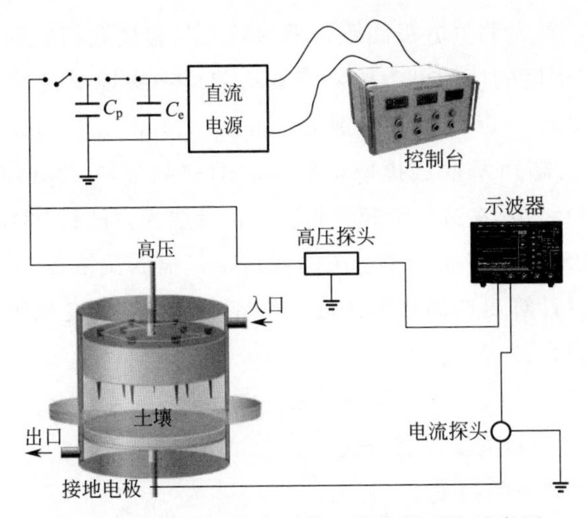


图 4-8　脉冲放电等离子体土壤修复系统示意图

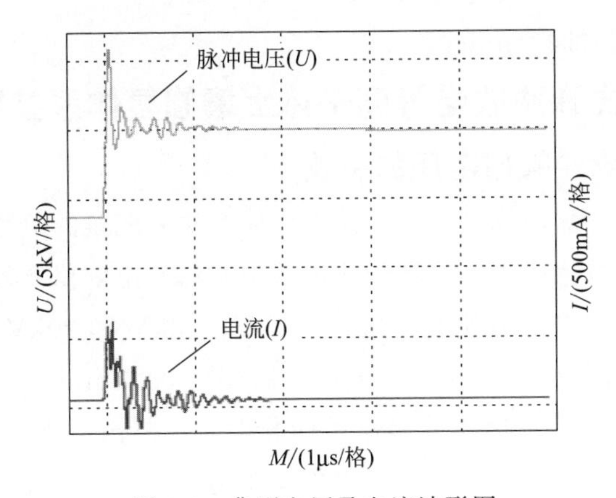


图 4-9　典型电压及电流波形图

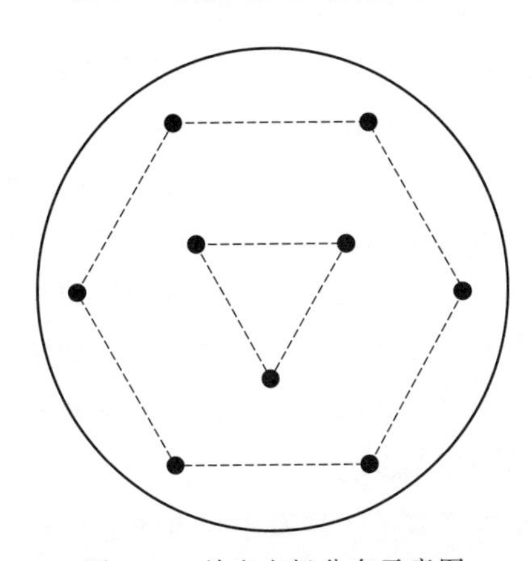

图 4-10　放电电极分布示意图

试验过程中，首先调整电极间距，即为针头与金属网板之间的距离；而后称取 8g 配制好一定浓度的芘污染土壤，将其均匀铺在接地电极的金属网上，进行放电处理；放电处理一定时间（分别为 15min、30min、45min 和 60min）后取 2g 处理后土壤进行超声萃取法提取，萃取后的样品过 0.22μm 的有机滤膜，用日本岛津公司的 LC-2010A 进行液相分析。分析参数为：波长 234nm；甲醇∶水＝90∶10；C18 反相液相色谱柱。测定芘的残留量，根据芘浓度与相应峰面积的线性标准曲线，可以计算出芘的残留浓度。研究中芘浓度的变化按照准一级反应动力学方程拟合，拟合公式为：

$$\ln(C_0/C_t)=kt \tag{4-5}$$

式中 $C_0$——芘的初始浓度，100mg/L；

$C_t$——$t$ 时刻芘的浓度，mg/L；

$k$——反应速率常数，$min^{-1}$；

$t$——处理时间，min。

## 4.3.2 针-网式脉冲放电等离子体土壤修复体系参数优化

### 4.3.2.1 不同脉冲峰值电压的影响

脉冲电压是影响脉冲放电等离子体作用体系注入能量的关键因素。为了说明脉冲峰值电压变化对脉冲放电等离子体体系中芘污染土壤修复效果的影响，本书首先考察了初始峰值电压分别为 12kV、15kV、18kV 和 20kV 下土壤中芘的降解效率随脉冲放电时间（15min、30min、45min、60min 下）不同的变化规律，结果如图 4-11 所示。其他因素的操作条件分别为：芘污染土壤 8.0g，芘污染物浓度为 100mg/kg，脉冲频率 50Hz，电极间距为 10mm，载气流量为 1.0L/min。

由图 4-11 可知，在试验考察的电压变化范围内，随着电压的升高，芘的降解速率增加，电压的提高有助于反应体系中芘的降解。当电压依次为 12kV、15kV、18kV 和 20kV 时，对应的脉冲放电的土壤修复体系中芘降解速率常数分别为 0.0096、0.03734、0.04172 和 0.07008，降解速率常数提高量超过 1 个数量级。这一结果说明，脉冲放电的土壤修复体系中脉冲峰值电压的升高对其中芘的降解有明显的促进作用，这主要是因为随着脉冲峰值电压的升高，向反应体系中注入了反应能量，进而产生了更多促进芘降解的高活性物种，提高了芘的降解效率，从而提高了脉冲放电土壤修复体系中芘的修复效果。

### 4.3.2.2 不同脉冲频率的影响

脉冲频率也是脉冲放电等离子体体系中与电场能量有关的重要因素。图 4-12 即为试验考察的相同外加电压条件下，脉冲频率分别为 25Hz、50Hz 和 75Hz 时，

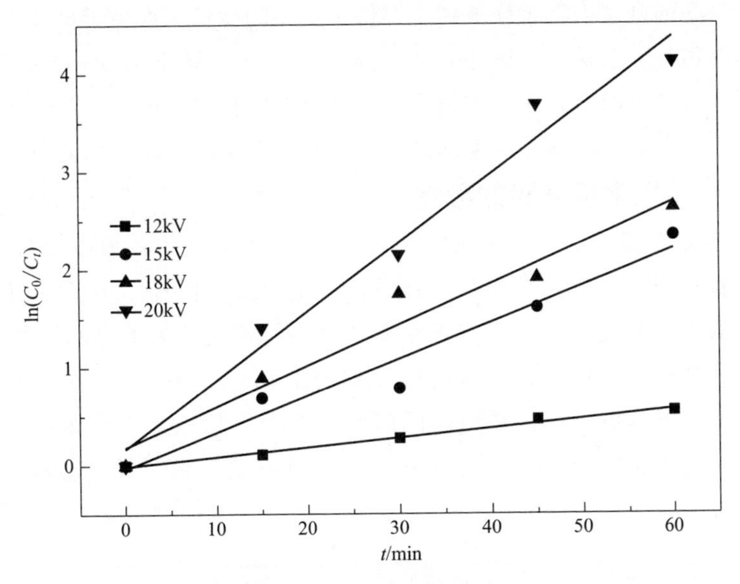


图 4-11　脉冲峰值电压对芘污染土壤修复效果的影响

电极间距为 10mm 的脉冲放电体系中芘的降解速率随脉冲放电时间的变化规律。其他因素的操作条件分别为：100mg/kg 芘污染土壤，电极间距为 10mm，载气流量为 1L/min。

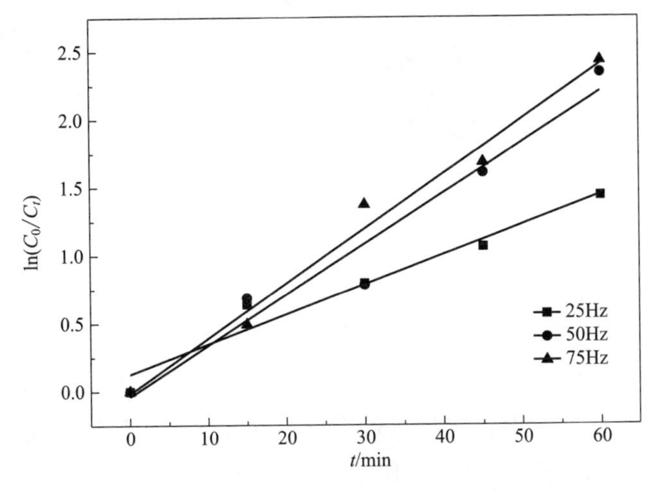


图 4-12　脉冲频率对芘污染土壤修复效果的影响

从图 4-12 可以看出：随着反应体系中脉冲频率的增加，芘的降解速率常数变大，由 25Hz 时的 0.02195 增加到 75Hz 时的 0.04031，增幅为 83.6%，说明脉冲频率的增加可以大幅度地提高脉冲放电土壤修复体系中芘的降解效果。这是因为脉冲频率的升高为整个修复体系提供了更多的能量，产生了更多的有利于芘降解的活性物种。但是，从图中可以明显看出，脉冲频率从 50Hz 提高到 75Hz 时，修复体系中芘的降解速率增幅不大，从节约能耗的角度，在此土壤修复体系中，不宜通过大幅度提高脉冲频率的方法提高整个反应体系的修复效率。

### 4.3.2.3 不同电极间距的影响

在液相及气-液混合的脉冲放电等离子体作用体系中，放电电极与接地电极的距离直接影响到脉冲放电作用体系的放电形式。同样，为了说明脉冲放电等离子体的土壤修复体系中电极间距变化对土壤修复效果的影响规律，本书考察了相同外加电压条件下，电极间距分别为 10mm、15mm 和 20mm 时，目标污染土壤中芘的降解速率随放电时间的延长的变化趋势，结果如图 4-13 所示。其他参数条件为：8.0g 100mg/kg 芘污染土壤，载气流量为 1L/min，脉冲频率为 50Hz。

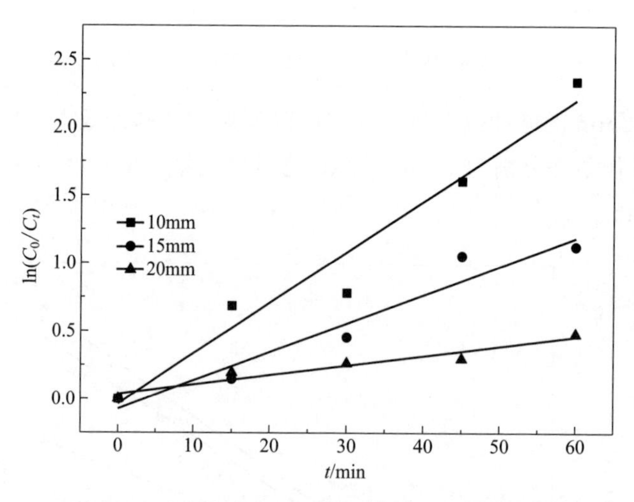


图 4-13 电极间距对芘污染土壤修复效果的影响

由图 4-13 可以明显看出，脉冲放电土壤修复体系中电极间距的大小极大地影响着其中芘的降解速率。在试验考察的电极间距变化范围内，较高的电极间距（20mm）不利于脉冲放电体系中芘的降解，降解速率常数值较低，而电极间距越小（10mm），芘的降解效果越好，相应的降解速率常数越高。这主要是因为在较低的电极间距条件下，脉冲放电电场与反应体系中的气体分子作用强烈，相应地可以生成较其他两种放电状态数目更多的·OH、·H、·O、·H 和 $O_3$ 等氧化性物种，进而对反应体系中有机物有更强的氧化作用，致使芘的降解效果明显。

#### 4.3.2.4 不同载气量的影响

在气-液混合的脉冲放电水处理体系中，载气量的大小可以直接影响其反应体系中活性物种的产生量，进而影响到反应体系中液相污染物的降解效果。同样，为了说明脉冲放电土壤修复体系中载气量大小对其中芘污染土壤的修复效果，本书考察了载气 0L/min、1L/min 和 2L/min 时，芘污染土壤在相同脉冲放电操作条件下的降解速率变化规律，结果如图 4-14 所示。其他试验条件设定为：8.0g 100mg/kg 芘污染土壤，脉冲峰值电压为 15kV，脉冲频率为 50Hz，电极间距为 10mm。

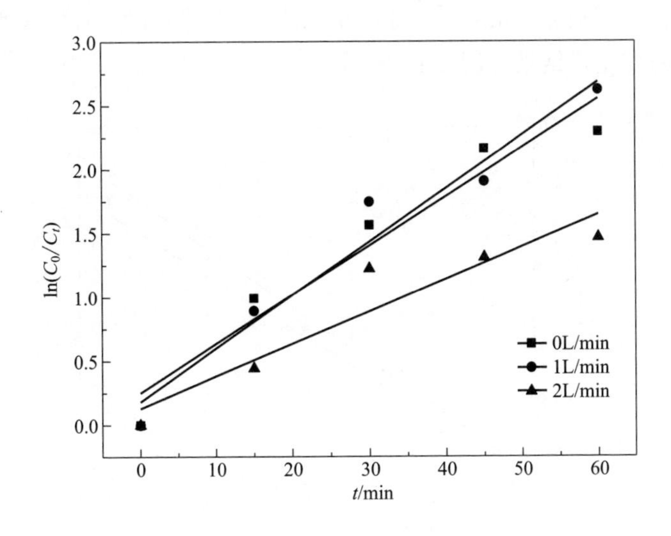


图 4-14 载气量对芘污染土壤修复效果的影响

从图 4-14 变化趋势可以看出，随着载气量的增加，反应体系中芘的降解速率呈先增加后降低的趋势，即当脉冲放电土壤修复体系的载气量为 0L/min 时，反应体系中芘的降解速率常数为 0.03837，而载气量分别为 1L/min 和 2L/min 时，芘的降解速率常数分别为 0.04172 和 0.0253。出现这个结果的主要原因可以归纳为：相较于无载气的脉冲放电等离子体土壤修复体系，适量的载气有助于提高修复体系中高活性物种的产量，进而促进了其中有机物的降解效率；然而，不同于脉冲放电等离子体水处理体系，土壤修复体系中过高的载气量会将原本已经生成的活性物种吹散，降低了活性物种与目标有机物的接触时间和接触概率，从而降低了其中活性物种的利用效率，进而导致整个修复体系中目标有机物降解速率的降低。

# 4.4 影响针-网式脉冲放电等离子体修复芘污染土壤效果的因素

## 4.4.1 影响针-网式脉冲放电等离子体修复芘污染土壤的因素

### 4.4.1.1 不同土壤粒径的影响

土壤粒径是土壤性质的一部分，粒径的大小关系到土壤颗粒比表面积的大小，也关系到土壤的通气性能。而在污染土壤的脉冲放电等离子体修复体系中，土壤颗粒大小还会影响到脉冲放电过程中所产生的活性物质的传输。因此，本章首先考察了粒径分别为 2mm（10 目）和 1mm（18 目）时，100mg/kg 芘污染土壤修复效果的变化，结果如图 4-15 所示。

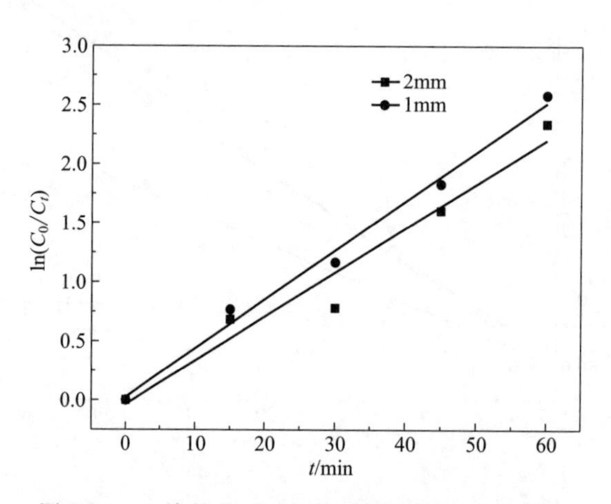


图 4-15 土壤粒径对芘污染土壤修复效果的影响

图 4-15 中结果所示，1mm 粒径污染土壤中芘降解速率常数高于 2mm 粒径污染土壤中芘的降解速率常数，分别为 0.0415 和 0.03734。这一方面是因为粒径较小的土壤具有更高地比表面积，而比表面积高的土壤促使更多的活性物种与土壤中的有机化合物更多地接触，从而提高了土壤中芘的降解效率；另一方面，低粒径的土壤可以促进土壤的传质效率，促使活性物种与土壤微孔中芘污染物的更快接触，从而在一定的放电作用时间内，低粒径土壤中的芘污染物有更高的降解速率。

### 4.4.1.2 不同土壤初始 pH 的影响

脉冲放电等离子体用于有机污染物水体修复的研究表明，溶液 pH 值是影响其修复效果的关键因素之一，而之前有关脉冲放电等离子体用于土壤修复的研究也表明：在不同的土壤 pH 下有机物有不同的分配形式，分配形式有离子和分子状态，有机物通常处于酸平衡状态，当有机污染物在碱性环境中时去除率比较好。因此，本书考察了土壤初始 pH 分别为 4、6 和 9 时，土壤中芘降解速率的变化规律，结果如图 4-16 所示。芘浓度为 100mg/kg，土壤粒径为 2mm，土壤含水率为 5%。

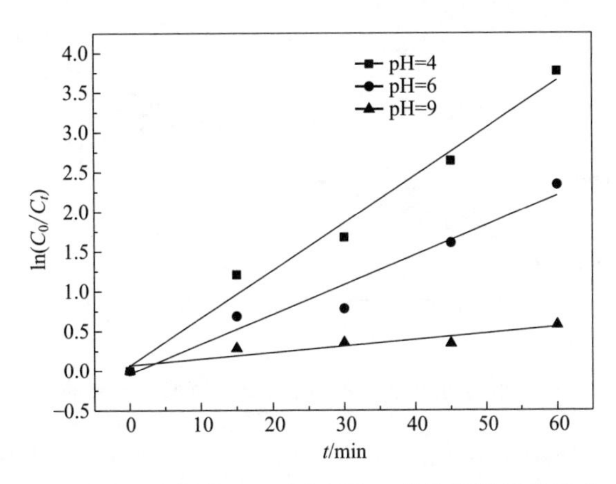


图 4-16 土壤初始 pH 对芘污染土壤修复效果的影响

从图 4-16 中结果可以看出，土壤初始 pH 值为 4 时，脉冲放电等离子体修复体系中芘的降解速率常数为 0.06614，较 pH 为 9 时的 0.00805 提高了 1 个数量级。说明土壤 pH 是脉冲放电等离子体土壤修复体系中的关键因素：低土壤 pH，即酸性污染土壤的修复效果优于相同试验条件下中性土壤的修复效果，而碱性芘污染土壤中芘的降解效果较差。其主要原因是在脉冲放电等离子体体系中，pH 低的情况下，土壤呈现酸性，这样的环境有利于氧化性物质的生成，这些氧化性物质有·OH、·O、$H_2O_2$ 和 $O_3$ 等，这些氧化性物质的产生可以有效降解土壤中的芘有机物，从而提高了体系芘的降解效率。另外，在 pH 高的碱性环境中，有利于脉冲放电体系产生还原性物质，如·H，还原性物质的产生不利于芘的降解，而导致较低的芘降解速率。

#### 4.4.1.3 不同土壤初始含水率的影响

含水率是影响土壤中污染物降解的重要因素之一，其能够影响土壤孔隙中的空气含量和水的含量。由于含水量过高会使得土壤中有机污染物流失，所以把含水量控制在 15%以下，土壤的湿度分别为：5%、10%、15%。放电条件为：8.0g 100mg/kg 芘污染土壤，脉冲电压为 15kV，气流量为 1L/min，脉冲频率为 50Hz，电极间距为 10mm，土壤 pH 为 6。具体结果如图 4-17 所示。

从图 4-17 可以看出，土壤含水率分别为 5%、10%和 15%时，芘污染土

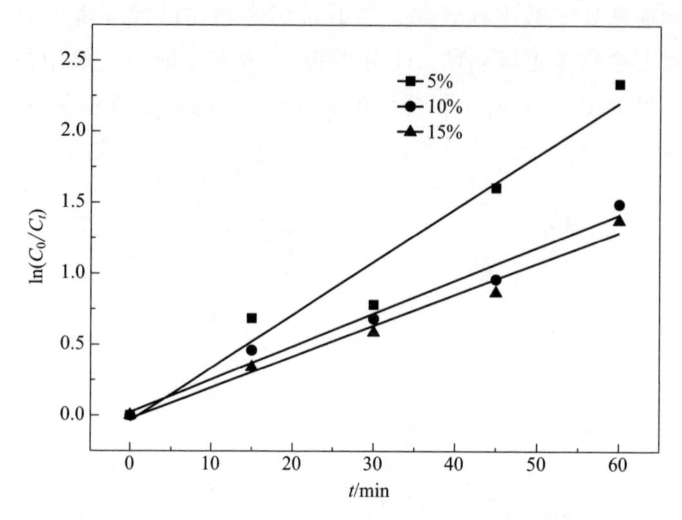


图 4-17 土壤初始含水率对芘污染土壤修复效果的影响

壤的降解速率常数分别为 0.03734、0.02322 和 0.02158。土壤含水率对芘降解速率的影响规律为：当含水率低时，芘的降解速率较高，即此时的土壤修复效果较好；而当土壤含水率高时芘的降解速率低，土壤修复效果差。其原因主要是与不同土壤含水率条件下土壤的性质和通气状态有关。当土壤含水率低时，气流可以均匀地通过土层，气流中带有脉冲放电产生的活性物质，活性物质与土壤接触使得芘去除率较高；而当土壤含水率高时，土壤的透气能力不如土壤低的好，土壤中的孔隙也会被水填充，气体将会选择易通过的路径流走，使得处理效率下降。

## 4.4.1.4 不同芘初始浓度的影响

本节考察了芘的初始浓度变化对脉冲放电等离子体体系中芘降解速率的影响规律，以说明脉冲放电等离子体体系用于有机污染土壤修复的处理能力。试验操作条件为：8.0g 芘污染土壤，15kV 脉冲峰值电压，50Hz 脉冲频率，1L/min 载气流量，10mm 电极间距。考察的芘初始浓度分别是 100mg/kg、200mg/kg、300mg/kg。结果如图 4-18 所示。

在图 4-18 中显示的脉冲放电体系处理三种初始浓度的芘污染土壤的降解速率变化结果显示：随着土壤中芘初始浓度的增加，芘的降解速率常数降低，计算放电处理 60min 后，芘的残留浓度，可以得出脉冲放电等离子体作用 60min 内，其所降解的芘的质量，分别为 300mg/kg 时的 134.1mg/kg、200mg/kg 时的 124.1mg/kg 和 100mg/kg 时的 90.37mg/kg。这主要是因为高浓度的芘获得了与脉冲放电等离子体产生的活性物质更高概率的接触，促使更多的芘污染物可以与其中的活性物种接触，继而发生降解反应。但是，高的芘浓度下芘的降解效率还是低于低芘浓度下的降解效率。

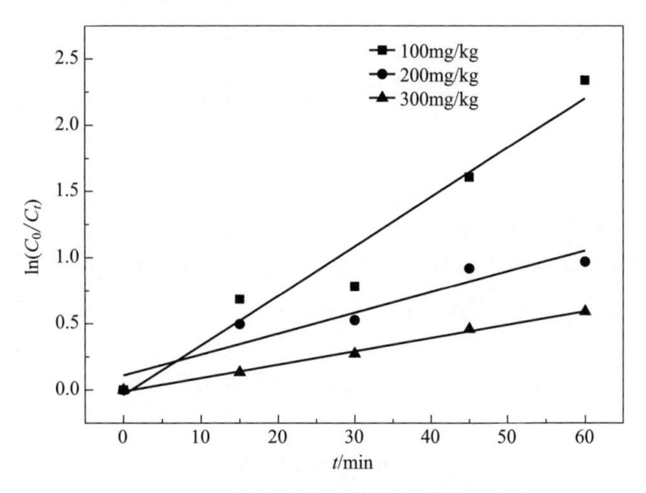


图 4-18　芘初始浓度对其修复效果的影响

## 4.4.2　气质联用仪分析结果

为了说明脉冲放电等离子体作用后，芘污染物降解程度，研究采用气质联用仪，对 100mg/kg 芘污染土壤，以及经脉冲放电等离子体修复后的芘污染土壤的提取物进行了分析测定，以说明脉冲放电等离子体对土壤中芘的修复作用。同时，本书对采集的原土也进行了 HPLC 分析，目的是为了说明原土中污染物的本底值。分析前，首先需要萃取、色谱分离和过膜，在气质下分析，三种土壤气质分析图谱结果分别如图 4-19～图 4-21 所示。

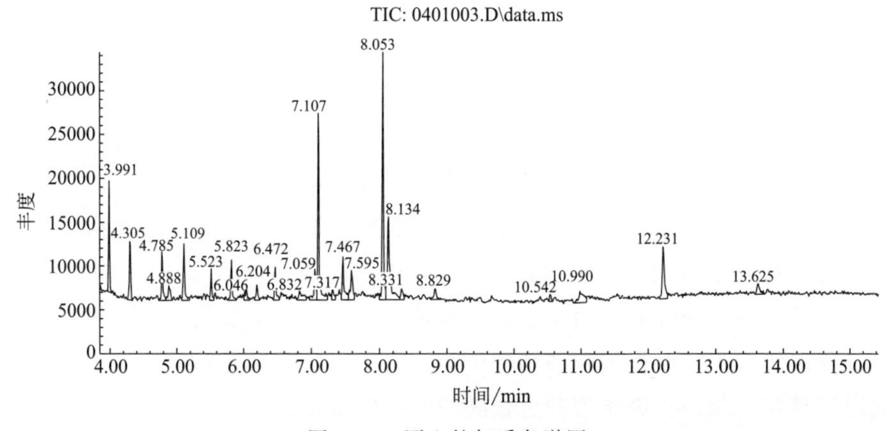


图 4-19　原土的气质色谱图

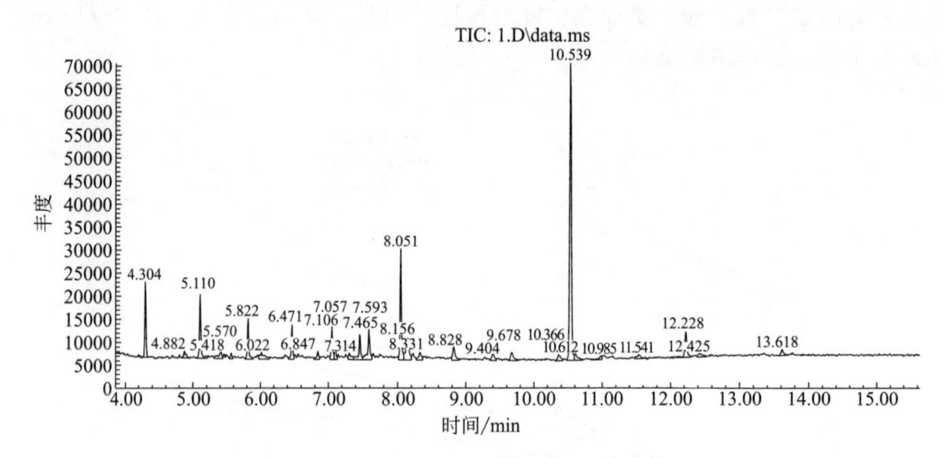


图 4-20　100mg/kg 芘污染土壤气质色谱图

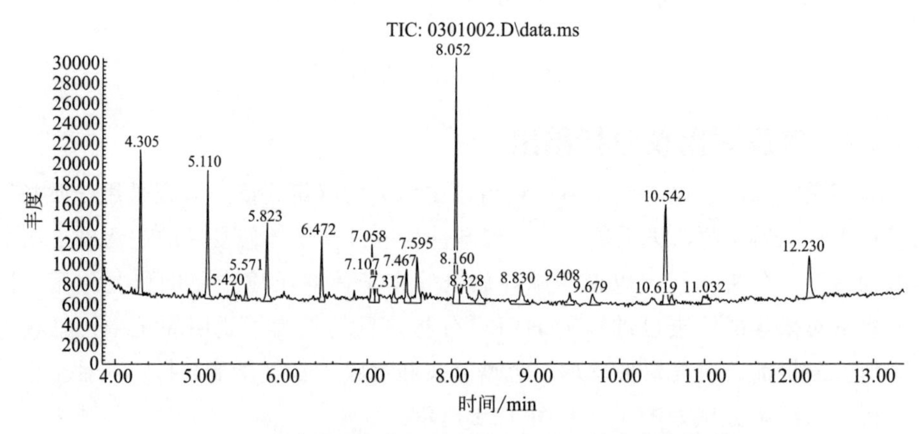


图 4-21　脉冲等离子体处理过的芘污染土壤的气质色谱图

从图 4-19～图 4-21 中可以看出，三组 GC-MS 图谱具有共有峰，这是土壤本身所含有的物质或色谱柱的流失物质。其中，保留时间分别为 4.3min、5.823min、6.472min 和 7.058min 时的出峰为共有峰，均为硅氧烷类物质，属于 GC-MS 色谱柱本身的流出物质；保留时间 5.1min 的物质为二氧化硅；保留时间分别为 8.05min 和 12.23min 时出现的峰为邻苯二甲酸酯，这种物质是塑化剂，广泛存在于土壤中。同时图 4-19 中原土的 GC-MS 图谱中，保留时间在 7.107min 和 8.134min 时有两个明显的峰是芘及放电处理后的土壤所没有的，这两个峰分别代表十六酸甲酯和硬脂酸甲酯，之所以没有在芘污染土壤中出现，可能的原因是在配制芘污染土壤的过程随丙酮挥发带走。

比较图 4-20 和图 4-21，可以在芘污染的土壤气质色谱图中看到明显的一个峰，即保留时间为 10.5min 时的出峰，而经放电处理后，该保留时间的出峰值明显变小，说明该峰即是芘。GC-MS 的分析结果可以看出，脉冲放电等离子体作用前后，图谱显示的结果中没有明显的新峰出现，即没有明显的苯环类降解产物，那么可以理解成芘的降解产物全变为直链烃，说明了脉冲放电等离子体用于土壤修复的有效性，可以将多环芳烃的结构完全破坏，转化为直链烃，提高了污染物的可生化性能。

## 4.4.3 $O_3$ 浓度分析

在有 $O_2$ 载入的脉冲放电等离子体作用体系中，等离子体的作用可以将 $O_2$ 分子键打破，形成·O，而·O 与 $O_2$ 的结合可以产生 $O_3$。$O_3$ 具有高的氧化性能，可以与土壤中的目标有机物作用，使其氧化分解。因此，为了说明脉冲放电等离子体用于芘污染土壤修复的反应体系中，$O_3$ 对修复过程所起的关键作用，本书分别考察了不同脉冲峰值电压条件和不同的脉冲频率条件下，不含有机物的相同土壤存在下的脉冲放电体系所产生 $O_3$ 的浓度变化规律，结合前面有关不同脉冲峰值电压和脉冲频率时污染土壤的修复效果，说明 $O_3$ 在土壤修复体系有机物降解过程中起到了关键作用。本书考察的脉冲峰值电压和脉冲频率变化范围同前：即 12kV、15kV、18kV 和 20kV 的脉冲峰值电压，25Hz、50Hz 和 75Hz 的脉冲频率。所得结果分别如图 4-22 和图 4-23 所示。

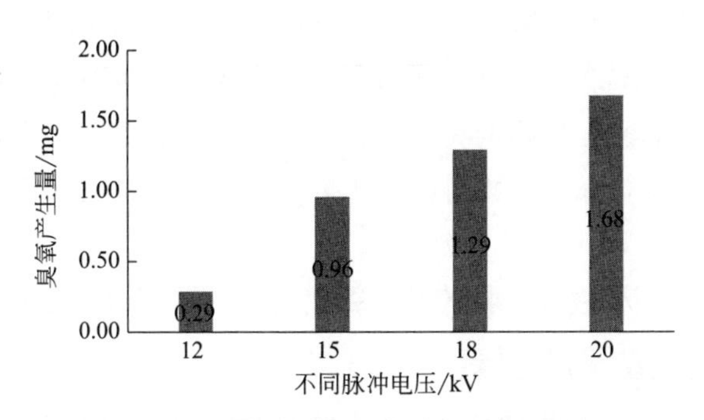


图 4-22　不同脉冲电压下 60min 内臭氧的产生量

图 4-22 随着脉冲峰值电压的升高，脉冲放电等离子体体系中的 $O_3$ 浓度随之升高，脉冲峰值电压分别为 12kV、15kV、18kV 和 20kV 时，系统产生 $O_3$ 的量分别为 0.29mg、0.96mg、1.29mg 和 1.68mg，说明随着脉冲注入能量的升高，修复体系中的 $O_3$ 浓度随之升高，相应的体系中芘的降解速率随之增大，这从侧面证明了 $O_3$ 在本土壤修复体系中所起的关键作用。同理，从图 4-23 中亦可以看出随着放电体系脉冲频率的增加，$O_3$ 产生量亦呈升高趋势，相应的芘降解速率

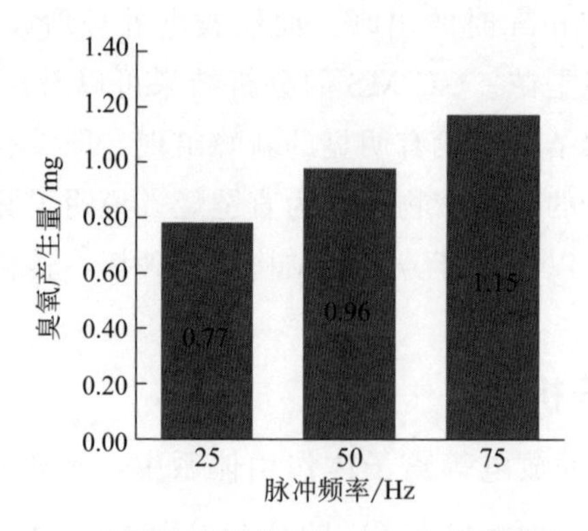


图 4-23　不同脉冲频率下 60min 内臭氧的产生量

变化也呈此规律，同样证明了 $O_3$ 对脉冲放电等离子体土壤修复体系中污染物降解所起的关键作用。

## 4.5 针-网式脉冲放电等离子体/黏土矿物联合修复芘污染土壤

### 4.5.1 高岭土性质介绍

高岭土是一种重要的非金属矿产，其主要成分为高岭石类矿物，与石英、云母、碳酸钙并称四大非金属矿产。主要成分高岭石的晶体化学式可以写成 $2SiO_2 \cdot Al_2O_3 \cdot 2H_2O$。高岭土是环境中比较常见的一种黏土矿物，黏土内主要包含有黏土矿物和非黏土矿物两类。黏土矿物主要包含高岭石类矿物，还有少量的云母石、蒙脱石等，黏土矿物对高岭土的性能起主要决定作用；而非黏土矿物主要包含石英、长石等，还有一些杂质。

### 4.5.2 影响针-网式脉冲放电等离子体/黏土矿物联合修复芘污染土壤效果的因素

#### 4.5.2.1 高岭土与脉冲放电等离子体的联合修复作用

为了说明高岭土与 PDP 对芘污染土壤的联合修复作用，试验考察了 15min、30min、45min、60min 条件下，单独 PDP 体系与 PDP/黏土矿物联合体系对土壤中芘的去除效果，结果如图 4-24 所示。试验中黏土的添加条件为添加 5%黏土后吸附 1 天，所用芘污染土壤浓度为 100mg/kg。其他试验条件分别为：电极间距 10mm，脉冲峰值电压 16.5kV，脉冲频率 50Hz，通气量（空气）1L/min，湿度 5%。

由图 4-24 可以看出，试验条件为添加 5%黏土吸附时间 1 天的芘污染土壤，

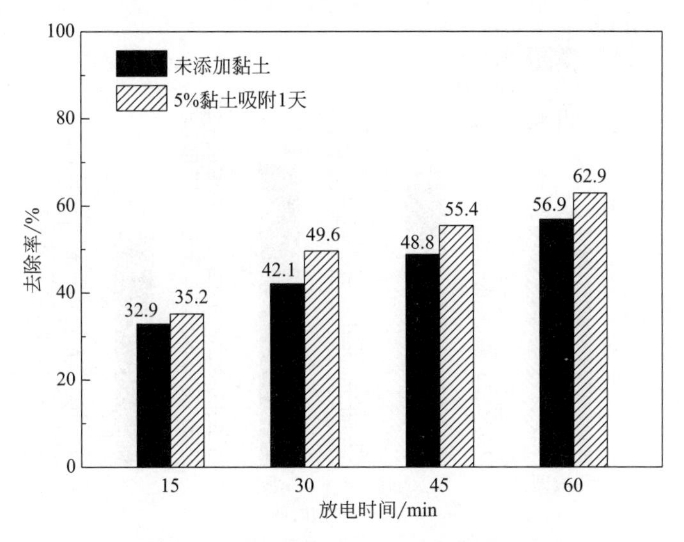


图 4-24　黏土添加前后芘去除效果对照

经脉冲放电系统处理后，不同放电时间的芘去除率均有提升，即 PDP/黏土矿物联合体系中芘的降解效果较单独 PDP 体系中有所提高，说明了黏土添加后对系统土壤污染物降解的增效作用。此外，从图中还可以看出，在试验考察的放电作用时间范围内，不论是联合体系还是单独脉冲放电作用体系，放电时间越长，芘的去除效率越高。因此，在后续的试验考察中，均选用 60min 为等离子体作用时间，以比较不同系统操作参数下芘降解效率的变化规律。

#### 4.5.2.2　黏土添加量和吸附时间对芘污染土壤修复效果的影响

黏土的添加量和吸附时间都直接影响黏土对污染物的吸附聚集效果，进而影响放电体系的修复效果。为了考察不同黏土添加量和添加时间对土壤修复效果的影响，研究按照 5%、10%、15%的质量分数向污染土样中添加黏土，得到不同黏土添加量的混合土样，进行包括立即放电 60min，和各自吸附 1 天、3 天、5 天后，放电 60min 所得结果，如图 4-25 所示。所用芘污染土壤浓度为 100mg/kg，其他试验条件分别为：电极间距 10mm，脉冲峰值电压 16.5kV，脉冲频率 50Hz，通气量（空气）1L/min，湿度 5%。

由图 4-25 可以看出：试验所选的黏土添加范围内，15%的黏土添加量对芘的去除率提升效果最好。而不同黏土吸附时间下芘的去除率顺序依次为：$\eta$（3d）$>\eta$（1d）$>\eta$（5d）$>\eta$（立即放电），即 3 天的吸附时间对去除率的提升最高，最终去除率为 85.2%。这是因为黏土量的增加，实际意义在于增加了黏土表面的吸附相位，使得黏土对污染物的吸附效果增强，但黏土吸附污染物的时

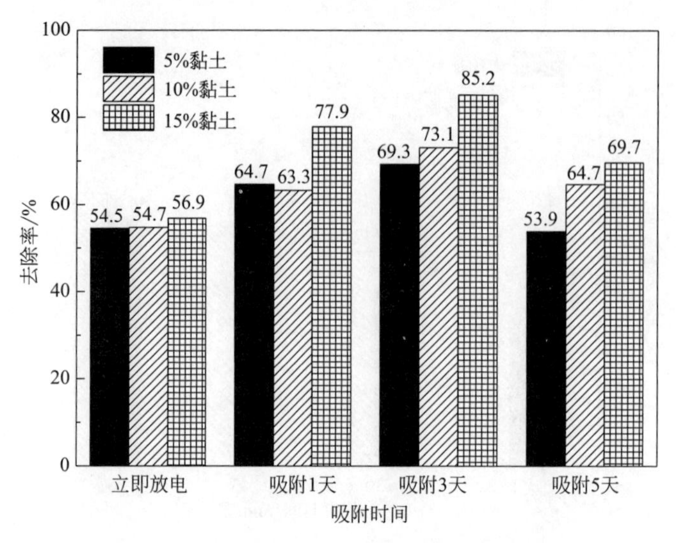


图 4-25　黏土添加量和吸附时间对芘去除率的影响

间过长，将使得污染物团聚，这不利于污染物与氧化性自由基接触降解，所以 5 天的吸附时间反而影响了芘的去除率。基于此试验结果，下面的试验均采用黏土添加比例为 15%、吸附 3 天。

#### 4.5.2.3　土壤中污染物浓度对芘污染土壤修复效果的影响

污染物浓度是土壤受污染程度的重要指标之一，是影响放电去除效果的重要因素。为了研究污染物浓度对去除率的影响，试验研究了污染物浓度分别为 100mg/kg、200mg/kg、300mg/kg 的芘污染土壤，在 15% 黏土添加量的情况下，静态吸附 3 天，放电 60min 所得各条件下的试验结果，如图 4-26 所示。其他试验条件分别为：电极间距 10mm，脉冲峰值电压 16.5kV，脉冲频率 50Hz，通气量（空气）1L/min，湿度 5%。

从图 4-26 可以看出，100mg/kg 芘污染土壤的去除率最高。与未添加黏土的芘污染土壤相对比，100mg/kg 芘污染土壤因为黏土的加入，去除率提高了 28.3%，200mg/kg 芘污染土壤提高了 19.4%，300mg/kg 芘污染土壤提高了 18.5%。随着浓度的增加，土壤中芘的去除率在不断下降，且黏土对脉冲放电系统的增效作用也在下降，但是随着污染物的升高，去除的污染物的总量也随之升高。这是因为在放电条件一定时，反应器中黏土的量不变，黏土所提供的可吸附空间和离子交换容量都不变，同时受放电所产生的活性物质数量基本不变，而污染物浓度增大，势必导致去除率的下降，但是同时单位体积内污染物分子的增多，使得活性物质与污染物分子接触的机会增多，污染物降解概率增大，因而绝

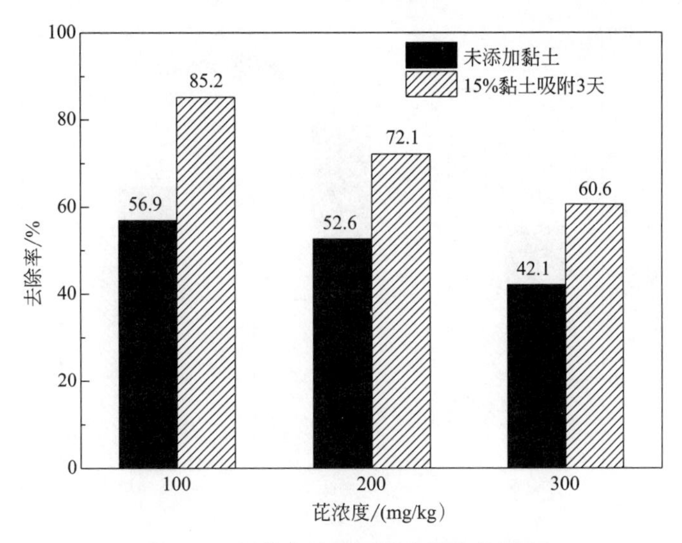


图 4-26　污染物浓度对芘去除率的影响

对去除量增多。

#### 4.5.2.4　土壤湿度对芘污染土壤修复效果的影响

土壤湿度是土壤重要的理化参数之一，是影响污染物降解的重要因素之一。为了考察土壤湿度对芘去除率的影响，本书研究了湿度分别为 5％、10％、15％的污染土壤，相同黏土添加条件下（添加量为 15％，静态吸附 3 天）放电 60min 后芘去除率的变化规律，所得试验结果如图 4-27 所示。所用芘污染土壤浓度为 100mg/kg，其他试验条件分别为：电极间距 10mm，脉冲峰值电压 16.5kV，脉冲频率 50Hz，通气量（空气）1L/min。

由图 4-27 可知，在未添加黏土的情况下，10％的湿度条件，放电处理后芘的去除率最高，这是由于一定的土壤湿度可以使活性物质如 $O_3$ 与土壤孔隙中的水发生催化反应产生强氧化性的・OH 自由基。但当土壤中添加黏土后，芘的去除率随着土壤湿度的升高而明显下降，5％时为 85.2％，10％时为 64.7％，15％时为 53.7％，说明湿度的增加并不利于复合体系提升芘的去除率，在 15％的湿度时，去除率已经降至湿度为 5％、未添加黏土时的去除水平。这主要是因为随着土壤湿度的增加，黏土的黏性增加，且芘本身不溶于水，湿度的增加也不利于空气的流动，因此减少了活性物质与目标污染物直接的接触概率，从而降低放电产生的氧化性自由基的利用效率。

#### 4.5.2.5　土壤 pH 对芘污染土壤修复效果的影响

土壤 pH 是土壤重要的理化参数之一，pH 值的变化将对污染物的分子形态

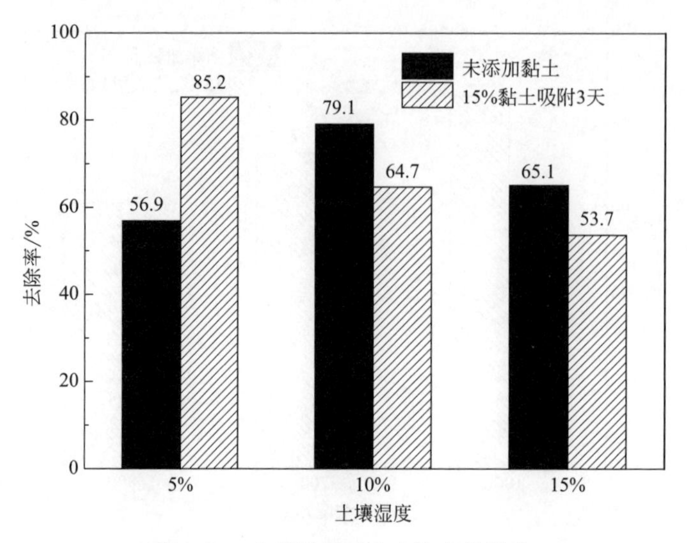


图 4-27　土壤湿度对芘去除率的影响

及其空间排列方式产生重要影响，进而影响土壤中有机物的解离状态、吸附行为以及降解特性。试验研究了 pH 分别为 4、6、9 的土壤，相同黏土添加条件下（15％黏土添加量，静态吸附 3 天），放电 60min 后芘的去除率变化规律，所得试验结果如图 4-28 所示。所用芘污染土壤浓度为 100mg/kg，其他试验条件分别为：电极间距 10mm，脉冲峰值电压 16.5kV，脉冲频率 50Hz，通气量（空气）1L/min，湿度 5％。

从图 4-28 可以看出，土壤 pH 对芘的去除具有显著影响，在不同 pH 条件下的去除率顺序依次为：(pH＝6)＞(pH＝4)＞(pH＝9)。其中 pH＝6 时的去除率比 pH＝4 时高 20％，比 pH＝9 高 30％左右，说明试验所取条件下，pH＝6 时的弱酸性条件更有利于 PDP/黏土矿物联合体系中芘污染土壤的修复，其主要原因可能是该土壤 pH 条件更利于空气放电所形成的 $O_3$ 与土壤中污染物的反应，进而提高了其作用效果。

#### 4.5.2.6　Cr(Ⅵ)添加量对芘污染土壤修复效果的影响

试验研究了 Cr（Ⅵ）添加量对联合修复体系中芘去除效果的影响，试验选取浓度分别为 100mg/kg 芘＋100mg/kg Cr(Ⅵ)、100mg/kg 芘＋200mg/kg Cr(Ⅵ)、100mg/kg 芘＋300mg/kg Cr(Ⅵ)，在相同黏土添加条件下（15％黏土添加量，静态吸附 3 天），放电 60min 后，芘、Cr(Ⅵ) 的去除率变化规律，所得试验结果如图 4-29 所示。其他试验条件分别为：电极间距 10mm，脉冲峰值电压 16.5kV，脉冲频率 50Hz，通气量（空气）1L/min，湿度 5％。

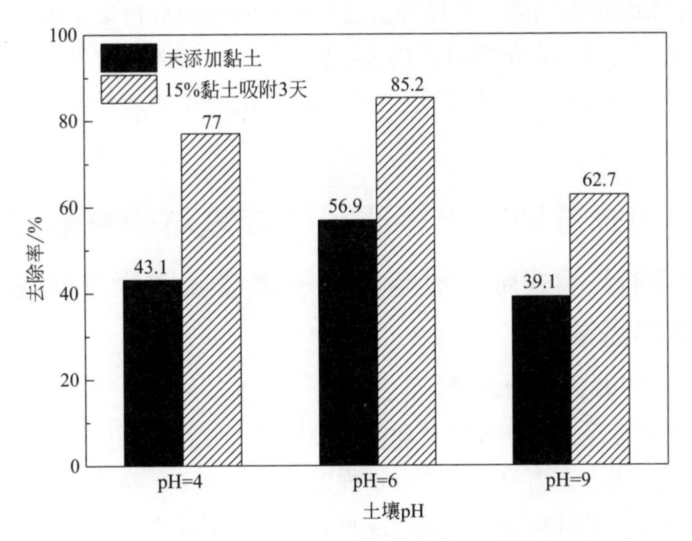


图 4-28　土壤 pH 对芘去除率的影响

从图 4-29 可以看出，100mg/kg 芘污染土壤在没有添加 Cr(Ⅵ) 的情况下，去除率为 85.2%，当向土壤中添加了不同浓度的 Cr(Ⅵ) 之后，土壤中芘的去除率又有了进一步的提升，虽然幅度不大，但是由于联合体系对芘的去除效果已经很高，而 Cr(Ⅵ) 的添加能够在 85.2%的基础上进一步提升芘的去除率，说明 Cr(Ⅵ) 添加对芘的去除效果影响作用明显。

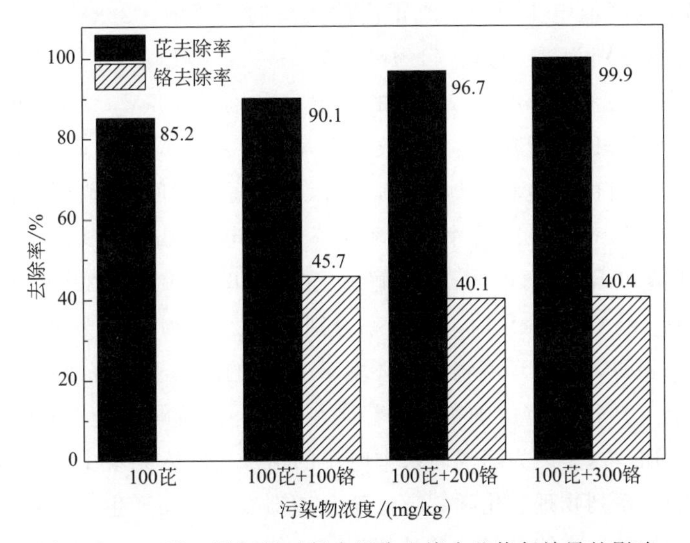


图 4-29　Cr(Ⅵ) 添加量对复合污染土壤中芘修复效果的影响

分析GC-MS所得结果，可以得出黏土矿物的添加对污染土壤的提取物分析结果没有影响，并且对芘的降解产物也没明显影响，说明黏土矿物的添加只是提高了污染物的去除效率，并未改变PDP系统对芘的降解途径，芘的降解与上一章结果相一致。

## 4.6 针-网式脉冲放电等离子体修复对硝基酚污染土壤

### 4.6.1 影响针-网式脉冲放电等离子体修复对硝基酚污染土壤效果的因素

#### 4.6.1.1 脉冲峰值电压的影响

运用脉冲放电等离子体技术处理污染土样时，脉冲峰值电压的增加将大大影响系统内能量的注入，因为气相放电过程中增加峰值电压将使体系中产生的活性自由基数量增加，更有利于污染物的降解。所以本书首先将电压改变为峰值电压分别为18kV、20kV及22kV时，体系中污染土壤中有机污染物质PNP的降解率的变化情况，从而得出结论。其他试验条件为：添加PNP污染土壤6.5g，PNP初始浓度100mg/kg，电极间距8mm。本次试验做了空气、氧气通气量分别为1L/min时的对比试验。两组试验结果如图4-30所示。

由图4-30可以看到，在三个脉冲峰值电压条件下，氧气环境放电对于污染物质PNP的降解有明显促进作用，同时，不管是在空气中还是在氧气中，PNP的降解率都是与峰值电压的大小成正比例关系的。图中，22kV时，空气体系中的PNP降解率分别为31.4%、41.4%、50.5%、57.1%，相较于18kV、20kV有明显的提高，在60min时，22kV的降解率分别是18kV、20kV时的1.50倍和1.14倍。而在氧气环境中，由于放电环境中存在大量氧气，导致放电非常剧烈，产生的活性自由基也相应地增加，所以在很短的时间里就已经将污染物质基本反应，15min到60min降解率相差不大，峰值电压之间的影响也不是很明显，但依然是峰值电压越高，PNP降解率越高。60min时，22kV的降解率为98.0%，而在18kV、20kV时的降解率分别为91.5%和91.6%。

研究结果表明，氧气环境较空气环境对PNP的降解有更好效果，峰值电压的改变对于系统内PNP的降解确实存在着很大影响，随着峰值电压的增加，PNP降解率也随之增加。这是因为随着体系中电压的增加，注入系统中的能量也就越多，体系中发生的一系列物理、化学效应也就会越剧烈，进而产生一系列复杂的反应，产生多种活性物种、高能电子、紫外辐射等，使得PNP分子被降解去除。考虑到能量的利用及浪费，故选用18kV的峰值电压作为后续试验的最大电压。

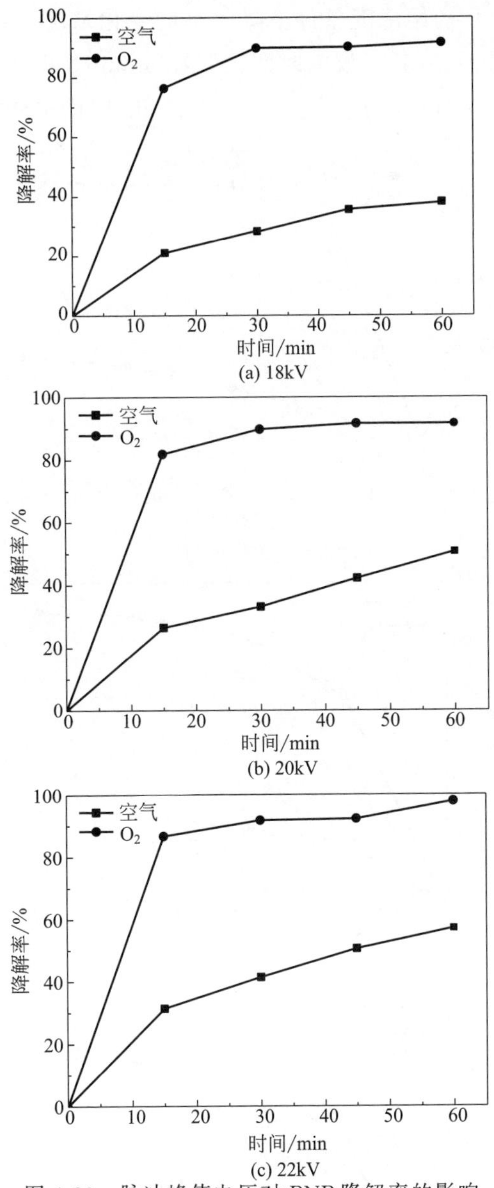


图 4-30　脉冲峰值电压对 PNP 降解率的影响

#### 4.6.1.2　PNP 初始浓度的影响

土壤中有机污染物质的初始浓度是衡量污染程度的重要指标之一，同时，污染物的初始浓度对于污染物降解也同样存在影响。为了说明这种影响，试验考察了含有不同初始浓度污染物的污染土壤在脉冲放电体系中的去除效果。试验分别考察了 PNP 浓度为 100mg/kg、200mg/kg、300mg/kg 的污染土壤，论证了

PDP 体系中不同 PNP 初始浓度条件下降解率的变化情况，结果如图 4-31 所示。其他试验条件为：土样 6.5g，放电时间控制在 60min，电极间距 8mm，峰值电压 18kV。同样地，分别考察了空气、氧气 1L/min 时的 PNP 降解情况。

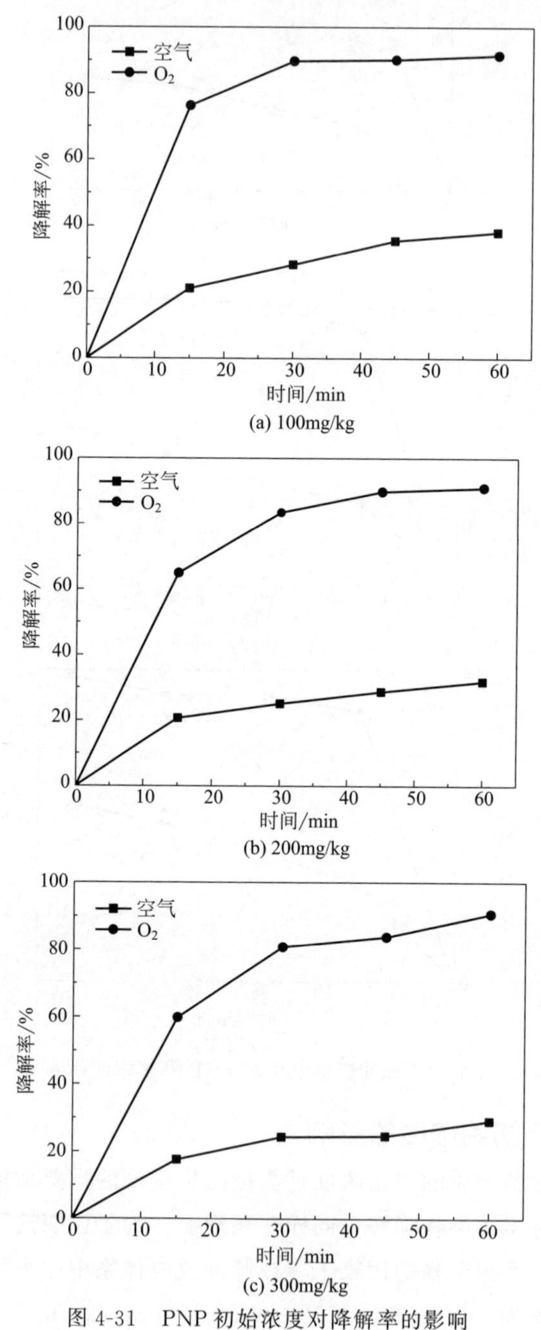


图 4-31　PNP 初始浓度对降解率的影响

由图4-31可以看到，不管PNP初始浓度是100mg/kg、200mg/kg还是300mg/kg，氧气环境下放电对于污染物质PNP的降解都有明显促进作用，同时，不管是在空气中还是在氧气中，PNP的降解率与PNP初始浓度之间的关系是成反比例的。图中，在空气中当PNP初始浓度为100mg/kg时，体系中的PNP降解率分别为21.1%、28.3%、35.5%和38.1%，相较于初始浓度为200mg/kg、300mg/kg土壤的降解率有明显的提高，在60min时，100mg/kg污染土壤的降解率分别是200mg/kg、300mg/kg土壤的1.20倍和1.31倍。而在氧气环境中，由于放电环境中存在大量氧气，导致放电非常剧烈，产生的活性自由基也相应地增加，所以在很短的时间里就已经将污染物质基本反应完全，15min到60min的PNP降解率相差不大，不同初始浓度之间的影响也不是很明显，但依然是PNP初始浓度越高，PNP降解率越低，两者之间存在着反比例关系。60min时，100mg/kg污染土壤的降解率为91.5%，而在200mg/kg、300mg/kg土壤的降解率分别为91.0%和90.6%。

研究结果表明，PNP初始浓度的改变对于系统内PNP的降解确实存在着很大影响，随着PNP初始浓度的增加，PNP降解率随之降低。这是因为在相同的反应器条件下，体系中产生的活性物种的量是一定的，而随着体系中污染土样中PNP分子的增多，单位体积污染土壤的降解效率就会降低，导致总的降解率降低。但是，耿聪等研究发现，虽然污染物初始浓度与降解率成反比，但是降解的量以及能量利用率都是成正比例关系。

#### 4.6.1.3 土壤初始pH的影响

土壤pH一直是考察土壤情况的一个重要参数，许多重要的土壤性质都会随着它的改变而发生变化，从而影响土壤中污染物质的存在状态及降解情况。本书中，土样pH的变化将会影响体系中活性物种的生成，且会影响活性物种在土样中的扩散传播。本次试验考察了pH分别为3、6、9的100mg/kg的PNP污染土壤，从而得到pH值变化对PNP降解情况的影响。结果如图4-32所示。其他试验条件分别为：添加土样6.5g，放电时间60min，电极间距8mm，脉冲峰值电压18kV。同样地，分别考察了空气、氧气1L/min时的PNP降解情况。

由图4-32可以看到，不管污染土壤初始pH是3、6还是9，氧气环境下放电对于污染物质PNP的降解都有明显促进作用，同时，不管是在空气中还是在氧气中，PNP的降解率在pH=3的酸性环境中是最高的，其次是在pH=9的碱性环境中，最后是pH=6偏中性环境。由图可见，在空气中，当土壤pH=3时，体系中的PNP降解率为68.2%，相较于pH=9、pH=6的土壤环境中

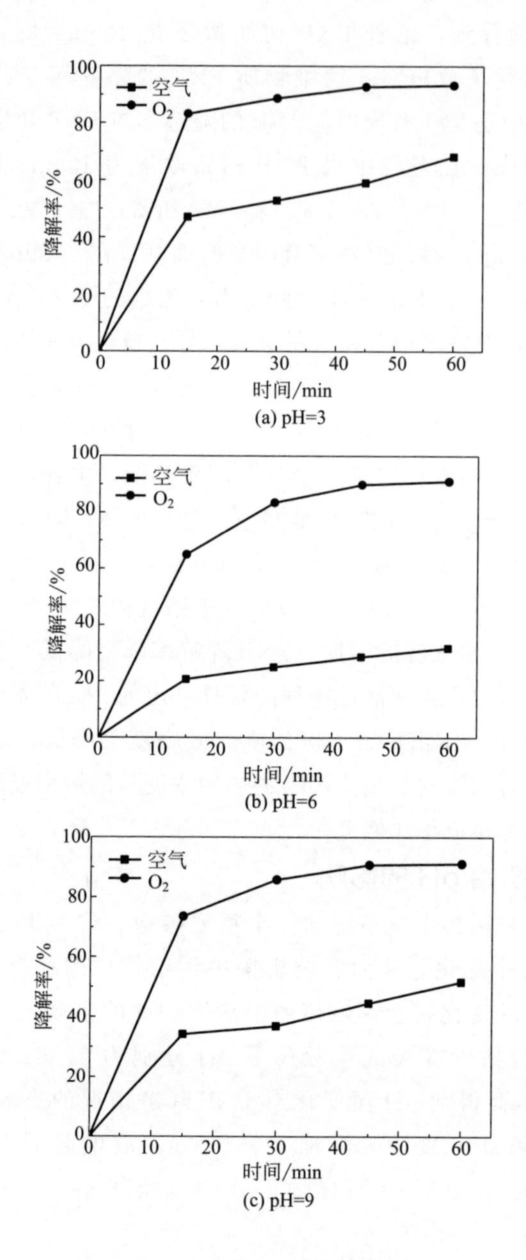


图 4-32 土壤初始 pH 对降解率的影响

PNP 的降解率有明显的提高，在 60min 时，pH＝3 的污染土壤 PNP 的降解率分别是 pH＝9、pH＝6 污染土壤的 1.32 倍和 2.14 倍。而在氧气环境中，由于放电环境中存在大量氧气，导致放电非常剧烈，产生的活性自由基也相应地增加，所以在很短的时间里就已经与污染物质基本反应完成，15min 到 60min 的 PNP 降解率相差不大，不同 pH 污染土壤之间的影响也不是很明显，但依然可以看出在酸性环境中 PNP 的降解率较高，碱性次之，偏中性最低。60min 时，三种不同初始 pH 条件土壤经 PDP 修复后 PNP 降解率分别为 93.3%、91.2% 和 91.0%。

研究结果表明，不管是在空气还是氧气环境中，酸性环境都更有利于 PNP 的降解，同时碱性土壤也在一定程度上有利于 PNP 的降解，偏中性环境下不利于 PNP 污染土壤的修复。这是因为在酸性条件下，体系中产生以 · OH 为主的各种活性物种便于在土层中扩散、传播，与土壤中集聚在一起的 PNP 分子进行反应，使得 PNP 被降解；而在碱性土壤中，由于 PNP 更多地以离子形态存在，且以 $O_3$ 作为主要活性物质，所以反应也会比较彻底。

#### 4.6.1.4　载气种类的影响

本书是利用 PDP 体系产生的一系列复杂反应产生的活性物质来降解有机物质，而不同的载气将会影响这些活性物质的产生。从先前所做试验可以看到，在空气中和在氧气中，体系对于 PNP 的降解情况差别很大，氧气中的降解情况大大优于空气中的降解情况，所以在这里，分别向体系中通入氧气、空气、氮气三种气体，来研究不同载气对于 PNP 降解率的影响情况。试验结果如图 4-33 所示。其他试验条件分别为：添加土样 6.5g，放电时间 60min，电极间距 8mm，脉冲峰值电压 18kV。同样地，分别考察了空气、氧气、氮气 1L/min 和 2L/min 时的 PNP 降解情况。

由图 4-33 可以看到，在气体流速分别为 1L/min 和 2L/min 时的 PNP 降解情况是类似的，都是氧气优于空气优于氮气。图 4-33（a）中，当气体体积流量为 1L/min 时，体系反应 60min 后，它们的降解率分别为 91.5%、38.1%以及 20.2%，可以看出氧气环境对于 PNP 的降解有着极大的促进作用，而氮气环境则对 PNP 降解有着抑制作用。氧气环境中的 PNP 降解率是空气和氮气环境中的 2.40 倍和 4.53 倍。而在图 4-33（b）中，气体体积流量变为 2L/min，但除了对于空气环境的影响较大以外，对于氧气环境和氮气环境的影响有限。60min 后，空气、氧气、氮气环境中 PNP 降解率相较于图 4-33（a）中提高了 14.7%、0.9%和 3.6%。因此，后续试验都采用 1L/min 的体积流量。

研究结果表明，在一定限度内气体体积流量与 PNP 的降解率成正比例关系，这与许多相关研究结论一致，同时，氧气环境更有利于放电的发生以及污染土壤中 PNP 的降解。这是因为：在空气中放电，除了产生 $O_3$ 和原子氧自由基外，

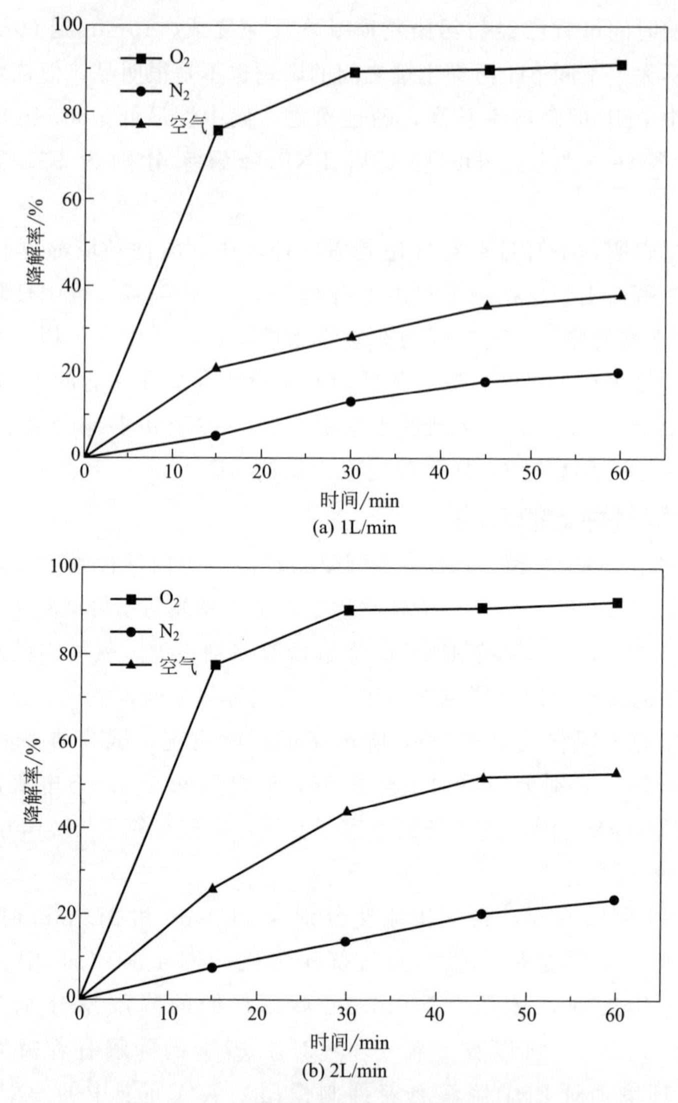


图 4-33　不同载气对 PNP 降解率的影响

还伴随着·OH、含氮自由基、·H 等；当在氧气环境中放电时，产生的活性物质主要是 $O_3$ 和原子氧自由基；而在氮气环境中放电，产生的活性物质主要是含氮自由基，由于不同活性物质的氧化能力不同，所以导致相应气体环境污染物降解率的变化。

### 4.6.1.5　不同反应体系中 PNP 降解的动力学分析

按照一级动力学分析计算方法，可以得到不同参数变化体系中 PNP 降解率的动力学分析结果，研究归纳了部分试验操作条件的动力学数值，结果列于表

4-2 中。

**表 4-2　不同参数条件下 PNP 降解的动力学参数**

| 电压/kV | PNP 浓度/(mg/kg) | pH | 载气种类 | 载气量/(L/min) | $k$/$min^{-1}$ | $R^2$ |
|---|---|---|---|---|---|---|
| 18 | 100 | 3 | 空气 | 1 | 0.01697 | 0.84969 |
| 18 | 100 | 3 | $O_2$ | 1 | 0.04158 | 0.73414 |
| 18 | 100 | 6 | 空气 | 1 | 0.00582 | 0.79773 |
| 18 | 100 | 6 | $O_2$ | 1 | 0.04033 | 0.89138 |
| 18 | 100 | 9 | 空气 | 1 | 0.01082 | 0.84303 |
| 18 | 100 | 9 | $O_2$ | 1 | 0.03938 | 0.81477 |
| 18 | 100 | 6 | $N_2$ | 1 | 0.00396 | 0.96431 |

由表 4-2 所列出的部分试验条件下 PNP 降解的动力学分析结果可以看出，在不同初始 pH 条件下，空气环境中 pH 为 3 时的 PNP 降解速率常数是 pH 为 6 和 9 时的 2.916 倍和 1.568 倍，而在氧气环境中则为 1.031 倍和 1.056 倍，证明了酸性环境更有利于 PNP 的降解；在不同载气条件下，当气体体积流量为 1L/min 时，氧气环境中 PNP 降解速率常数是氮气环境和空气环境中的 9.793 倍和 5.004 倍，证明了氧气环境更有利于 PNP 的降解。

由此可以得出不同参数条件下 PNP 降解的动力学参数，同样印证和说明了前面关于不同参数条件下 PNP 降解率的相关研究。

## 4.6.2　降解产物分析

PNP 的出峰时间在 30.7min 左右；苯酚的出峰时间在 39.4min 左右；邻苯二酚的出峰时间在 18.4min 左右；对苯二酚的出峰时间在 8.4min 左右；对苯醌的出峰时间在 13.3min 左右。本书对在空气中经过 30min、45min、60min 放电处理的 300mg/kg 的 PNP 污染土壤分别进行了 HPLC 分析，结果如图 4-34～图 4-36 所示。

由图 4-34 可以看出，放电处理 30min 后，体系中只存在 PNP，这时没有其他峰出现；图 4-35 可见，当样品在空气中放电处理 45min 后，体系中出现了邻苯二酚且在 60min 时浓度加大；从图 4-36 可以看出，体系中存在邻苯二酚和苯酚两种降解产物。在 45min 和 60min 时，体系中的邻苯二酚的浓度分别为 1.194mg/L 和 2.740mg/L，而在 60min 时，体系中存在的苯酚浓度为 4.54mg/L。由此可以发现，体系中 PNP 降解后的中间产物为苯酚和邻苯二酚，而对苯二酚及对苯醌则未能检测到。

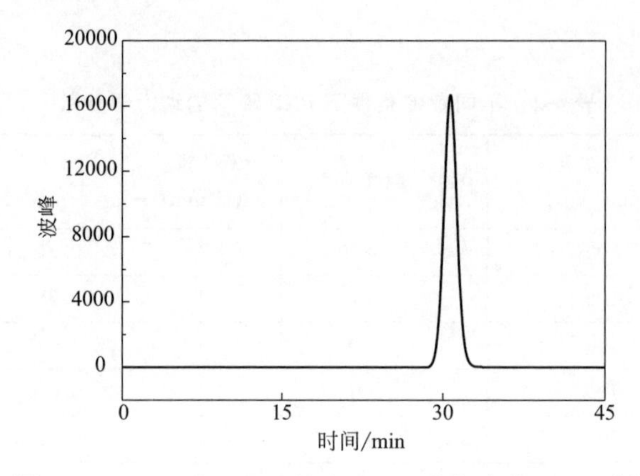


图 4-34 300mg/kg PNP 放电 30min 降解产物 HPLC 图

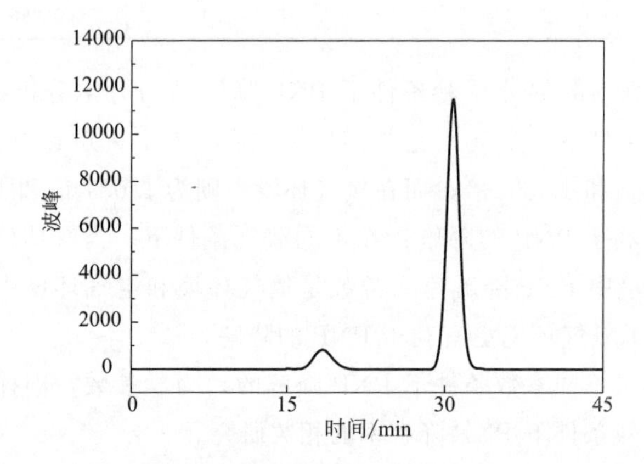


图 4-35 300mg/kg PNP 放电 45min 降解产物 HPLC 图

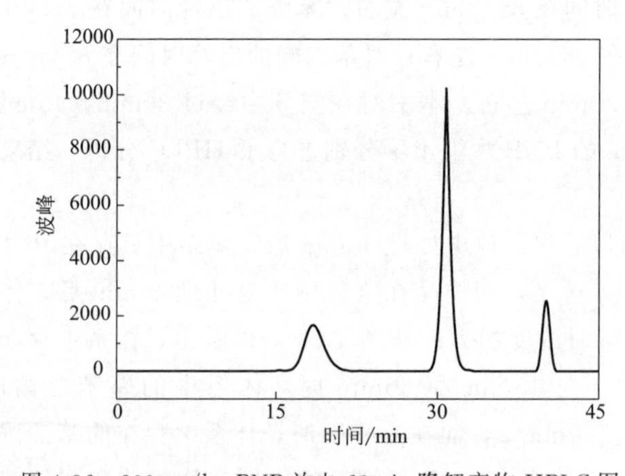


图 4-36 300mg/kg PNP 放电 60min 降解产物 HPLC 图

# 4.7 针-网式脉冲放电等离子体/黏土矿物联合修复对硝基酚污染土壤

## 4.7.1 脉冲放电等离子体对单独 PNP 及复合污染土壤的修复效果

本节将研究含不同 PNP 浓度以及不同 $Cu^{2+}$ 浓度污染土壤的修复，以及在 PDP 体系中加入黏土矿物高岭土来研究黏土矿物对于 PDP 体系的强化作用。因此，首先应该清楚地知道单独的 PDP 体系对于单一的 PNP 污染土壤的修复情况，以及单独的 PDP 体系对于 PNP-$Cu^{2+}$ 复合污染土壤的修复情况。试验结果如图 4-37 所示。其他试验条件为：添加土样 6.5g，放电时间 60min，电极间距 8mm，脉冲峰值电压 18kV。

由图 4-37 可以得出，不论是在空气环境还是氧气环境中，PDP 体系修复 PNP-$Cu^{2+}$ 复合污染土壤的 PNP 降解效率更高。图 4-37(a) 中，放电处理 60min 后，PNP 在空气环境和氧气环境的降解率分别为 38.1%和 91.5%；而在图 4-37(b) 中，体系中 PNP 的降解率分别达到了 62.3%和 94.5%，且对应时刻的 PNP 降解率均高于单一的 PNP 污染土壤。

研究结果表明，在空气和氧气环境中加入重金属离子 $Cu^{2+}$ 均能在一定程度上增加 PNP 的降解效率。这是因为 $Cu^{2+}$ 的加入会与脉冲放电等离子体体系中的还原性物质发生反应而使得后者的量减少，从而提高了体系中污染物质的降解效率，但由于后续操作暴露在空气中，使得体系中 $Cu^{2+}$ 的量保持不变。这也说明了后期的相关试验是可行的，说明了 PNP-$Cu^{2+}$ 复合污染土壤治理的相关技术手段。

## 4.7.2 不同 $Cu^{2+}$ 浓度对 PNP-$Cu^{2+}$ 复合污染土壤修复的影响

由前面试验可知，在空气和氧气环境中加入重金属离子 $Cu^{2+}$ 均能在一定程度上增加 PNP 的降解效率，本节主要探究不同浓度的 $Cu^{2+}$ 是否对污染土壤中的 PNP 降解起着不同的作用。预先配制了污染物浓度分别为 100mg/kg PNP＋100mg/kg $Cu^{2+}$、100mg/kg PNP＋200mg/kg $Cu^{2+}$、100mg/kg PNP＋300 mg/kg $Cu^{2+}$ 污染土壤，再进行试验。试验结果如图 4-38 所示。其他试验条件分别为：添加土样 6.5g，放电时间 60min，电极间距 8mm，脉冲峰值电压 18kV。同样地，分别考察了空气、氧气 1L/min 时的 PNP 降解情况。

由图 4-38 可以得出，在空气中放电处理 60min 后，100mg/kg PNP＋100 mg/kg $Cu^{2+}$、100mg/kg PNP＋200mg/kg $Cu^{2+}$、100mg/kg PNP＋300mg/kg

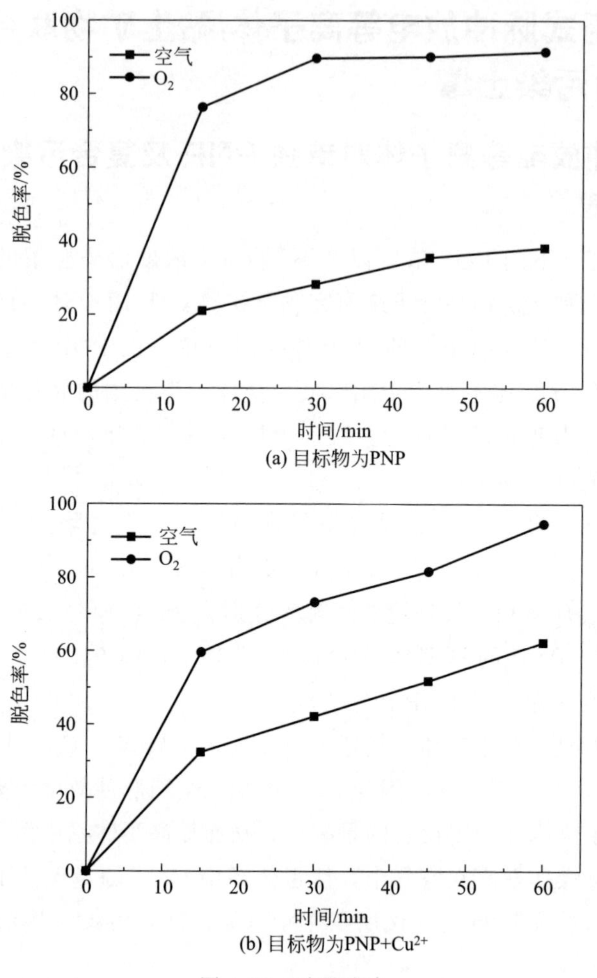

(a) 目标物为PNP

(b) 目标物为PNP+$Cu^{2+}$

图 4-37 对照试验

$Cu^{2+}$污染土壤中PNP降解率分别为62.3%、69.7%和72.6%；而在氧气环境中，放电处理60min后，100mg/kg PNP＋100mg/kg $Cu^{2+}$、100mg/kg PNP＋200mg/kg $Cu^{2+}$、100mg/kg PNP＋300mg/kg $Cu^{2+}$污染土壤中PNP降解率分别为94.5%、95.6%和95.8%。

由此可以推测，$Cu^{2+}$在试验过程中充当催化剂的角色，在放电过程中，体系中产生了多种活性自由基，具有还原性的自由基将$Cu^{2+}$还原为$Cu^{+}$，但由于它极不稳定，会在分析提取过程中重新被氧化为$Cu^{2+}$。且经过火焰原子吸收发现，残留土样中的$Cu^{2+}$浓度与试验前相差无几。$Cu^{2+}$浓度的增加将会使得体系中还原性物质的量减少，相应地，体系的氧化能力将得到增强。

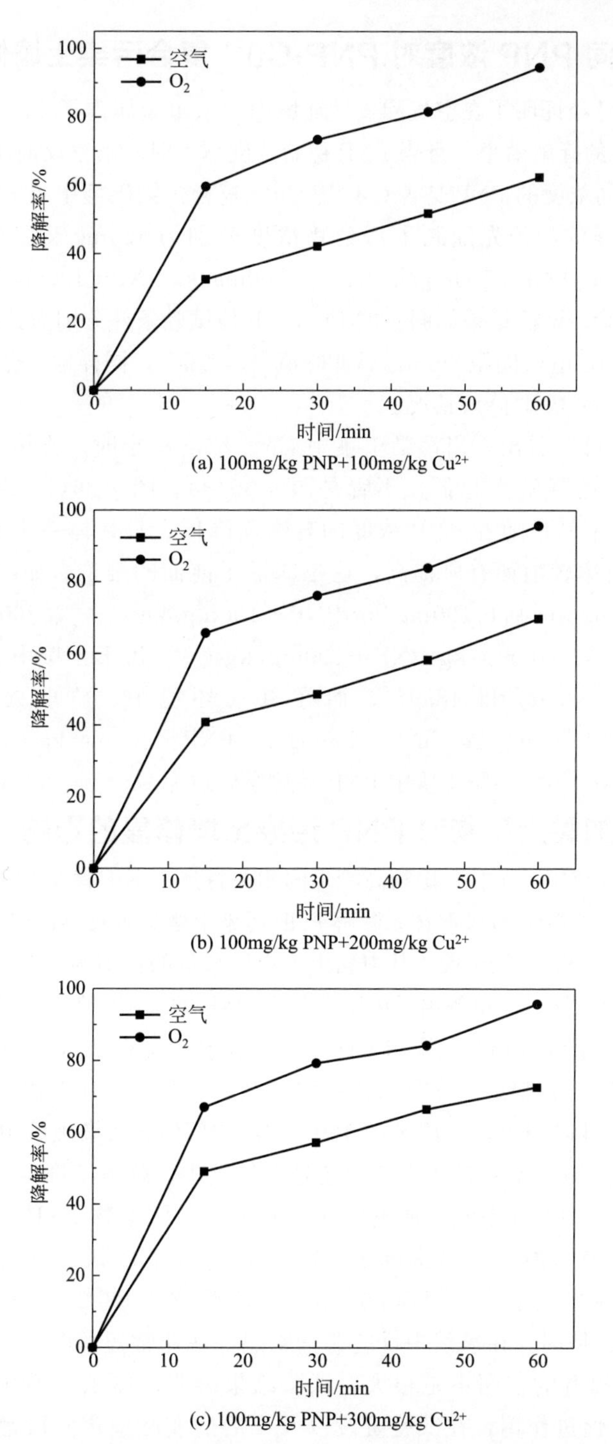


图 4-38　不同 $Cu^{2+}$ 浓度对 PNP-$Cu^{2+}$ 复合污染土壤修复的影响

### 4.7.3 不同PNP浓度对PNP-$Cu^{2+}$复合污染土壤修复的影响

前面试验已经证明了在空气和氧气环境中加入重金属离子$Cu^{2+}$均能在一定程度上增加PNP的降解效率，且当PNP初始浓度越大时降解率反而越低，所以本节主要来探究不同浓度的PNP是否对PNP-$Cu^{2+}$复合污染土壤中的PNP降解起着不同的作用。同样的，预先配制了污染物浓度分别为100mg/kg PNP＋100mg/kg $Cu^{2+}$、200mg/kg PNP＋100mg/kg $Cu^{2+}$、300mg/kg PNP＋100mg/kg $Cu^{2+}$污染土壤，再进行试验。试验结果如图4-39所示。其他试验条件分别为：添加土样6.5g，放电时间60min，电极间距8mm，脉冲峰值电压18kV。同样地，分别考察了空气、氧气1L/min时的PNP降解情况。

由图4-39可以看出，当污染土壤中$Cu^{2+}$浓度一定时，土壤中PNP浓度越大，那么PNP的降解率越低，不管是图4-39(a)、图4-39(b)还是图4-39(c)中，PNP降解率都是随着PNP浓度的升高而降低，只是体系中$Cu^{2+}$的存在使得PNP的降解率较前面有所提高，这也印证了前面的推论。如图中所示，在空气中放电处理60min后，100mg/kg PNP＋100mg/kg $Cu^{2+}$、200mg/kg PNP＋100mg/kg $Cu^{2+}$、300mg/kg PNP＋100mg/kg $Cu^{2+}$污染土壤中PNP降解率分别为64.0%、59.9%和48.9%；而在氧气环境中，放电处理60min后，100mg/kg PNP＋100mg/kg $Cu^{2+}$、200mg/kg PNP＋100mg/kg $Cu^{2+}$、300mg/kg PNP＋100mg/kg $Cu^{2+}$污染土壤中PNP降解率分别为94.4%、92.3%和90.3%。

### 4.7.4 添加黏土矿物对PNP污染土壤修复的影响

前面已经介绍了关于黏土矿物高岭土的相关特点，本书将在PDP体系中加入高岭土，研究黏土矿物对于PDP体系降解PNP污染土壤是否具有促进作用。研究中配制100mg/kg的PNP污染土壤，其中黏土占土壤总量的比值为15%，吸附时间控制在1天，然后进行脉冲放电等离子体试验分析PNP的降解情况。试验结果如图4-40所示。其他试验条件分别为：添加土样6.5g，放电时间60min，电极间距8mm，脉冲峰值电压18kV。同样地，分别考察了空气、氧气1L/min时的PNP降解情况。

由图4-40可以得出，在原来的100mg/kg的PNP污染土壤中加入15%的黏土并吸附1天之后，不管是在空气中还是在氧气中，降解率都得到了提升。

图4-40(a)中，在空气中放电处理60min后，污染物PNP的去除效率达到了54.9%，较未添加黏土时提高了16.8%，降解率得到了较大提升；而在图4-40(b)中，在氧气中放电处理60min后，去除率为93.2%，较未添加黏土提高了1.7%，这是因为在氧气中反应非常剧烈，在非常短的时间内就已经接近反应完全，所以提升的空间不是很大。试验结果表明，体系中添加黏土矿物对于PNP的降解有促进作用，在试验阶段以及今后的实际应用阶段都可以采用添加黏土的方式来强化PDP处理体系作用效果。

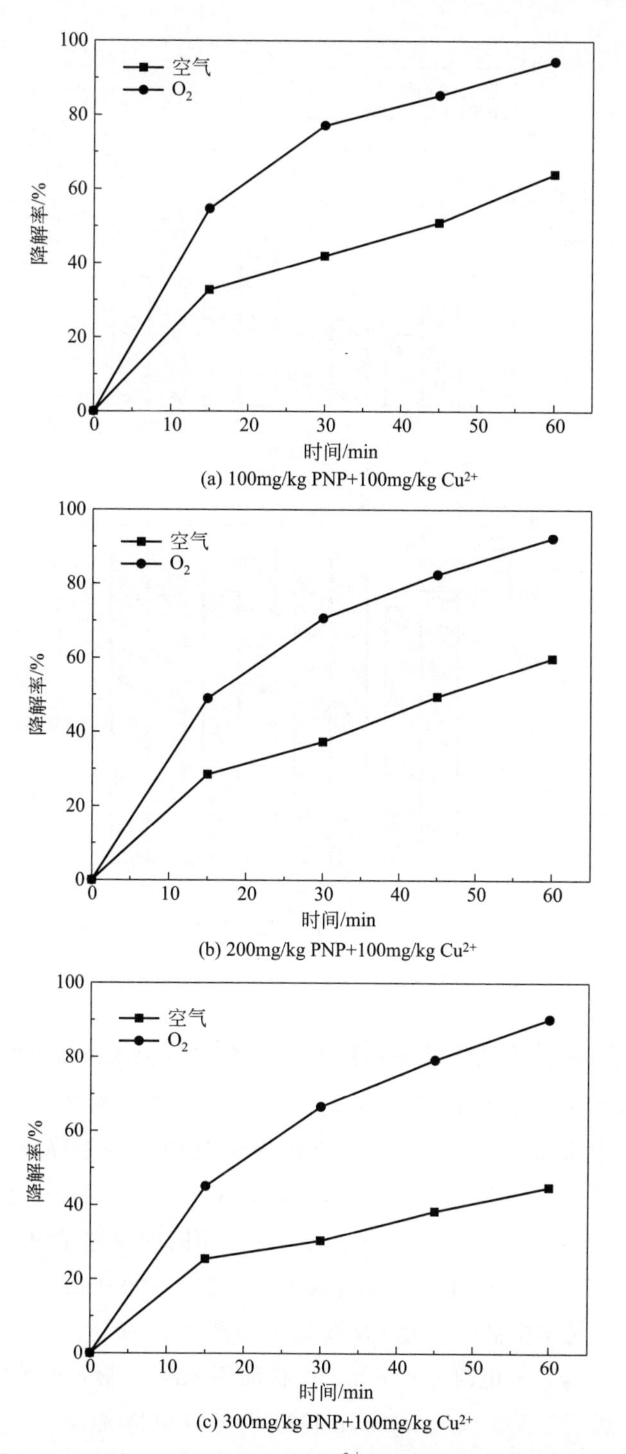


(a) 100mg/kg PNP+100mg/kg $Cu^{2+}$

(b) 200mg/kg PNP+100mg/kg $Cu^{2+}$

(c) 300mg/kg PNP+100mg/kg $Cu^{2+}$

图 4-39　不同 PNP 浓度对 PNP-$Cu^{2+}$ 复合污染土壤修复的影响

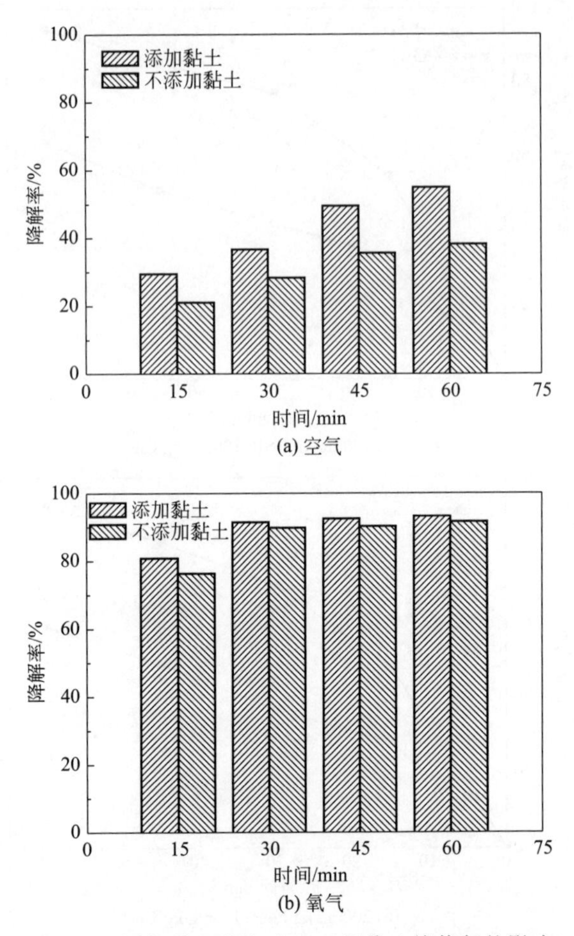


图 4-40　添加黏土矿物对 PNP 污染土壤修复的影响

## 4.7.5 添加黏土矿物对 PNP-$Cu^{2+}$ 复合污染土壤修复的影响

前面已经介绍了关于黏土矿物高岭土的相关特点，本书在前一节介绍了在 PNP 污染土壤中添加黏土矿物发现黏土矿物对于 PDP 体系降解 PNP 的确存在促进作用，本节将黏土矿物高岭土添加到 PNP-$Cu^{2+}$ 复合污染土壤中，研究黏土矿物在 PDP 修复复合污染土壤中是否依然存在相同的促进作用。首先，试验开始前配制 100mg/kg 的 PNP、100mg/kg$Cu^{2+}$ 复合污染土壤，其中黏土矿物占 15%，吸附时间同样控制在 1 天。试验结果如图 4-41 所示。其他试验条件分别为：添加土样 6.5g，放电时间 60min，电极间距 8mm，脉冲峰值电压 18kV。同样地，分别考察了空气、氧气 1L/min 时的 PNP 降解情况。

由图 4-41 可以看出，当向 100mg/kg 的 PNP-$Cu^{2+}$ 复合污染土壤中加入

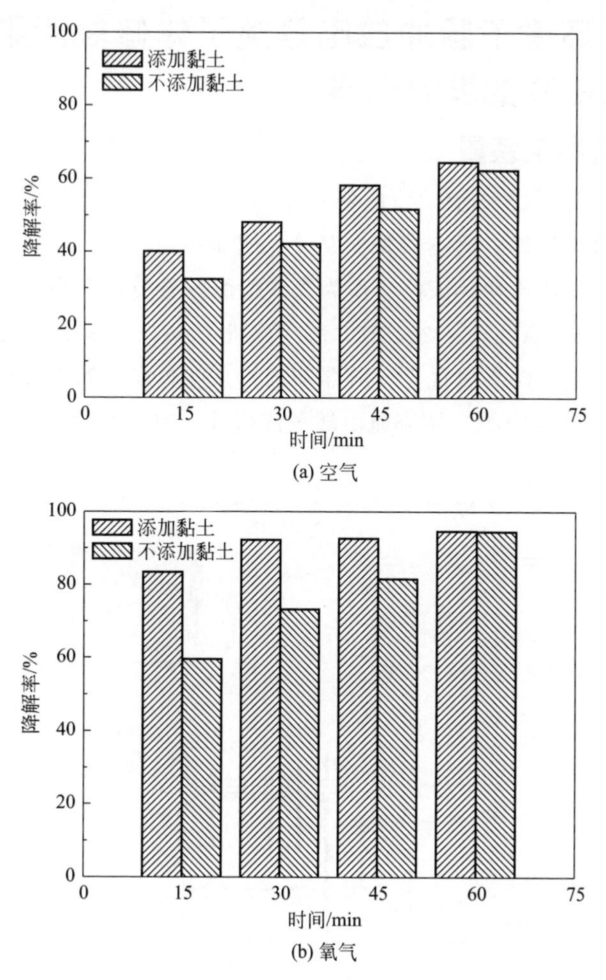


图 4-41　添加黏土矿物对 PNP-$Cu^{2+}$ 复合污染土壤修复的影响

15%的黏土并吸附 1 天之后，不管是在空气中还是在氧气中，降解率都得到了明显的提升，与上一节 PNP 污染土壤中添加黏土具有相同的试验结果，说明了黏土矿物对于 PNP 污染土壤的 PDP 修复具有促进作用。

图 4-41(a) 中，在空气中放电处理 60min 后，PNP 的去除效率达到了 64.5%，较未添加黏土时提高了 2.2%，降解率得到了提升；而在图 4-41(b) 中，在氧气中放电处理 60min 后，降解率达到了 94.7%，较未添加黏土提高了 0.2%，这是因为在氧气中反应非常剧烈，在非常短的时间内就已经接近反应完全，在放电处理 30min 时 PNP 降解率就已经达到了 90%以上，所以提升的空间不是很大。

# 4.8 载氧环境下脉冲放电等离子体修复污染土壤体系中自由基的发射光谱

## 4.8.1 光谱测定装置

所用装置如图 4-42 所示，反应器总体与 4.3.1 中一致，只是在原反应体系中加入了光谱检测装置。反应器外壁从下沿开有一个 45mm×35mm 的矩形孔，其间嵌有一块石英玻璃片，该位置作为光谱检测的石英探测窗口。光谱检测系统由光谱仪（Avantes Avaspec-2048L）和计算机（Acer 4738G）构成。研究中进行光谱检测时，光纤探头放置于反应器外部，高度与反应器中针电极的底端位置保持一致。PDP 体系中的气体流速由转子流量计（LZB-6WB）控制、调节。

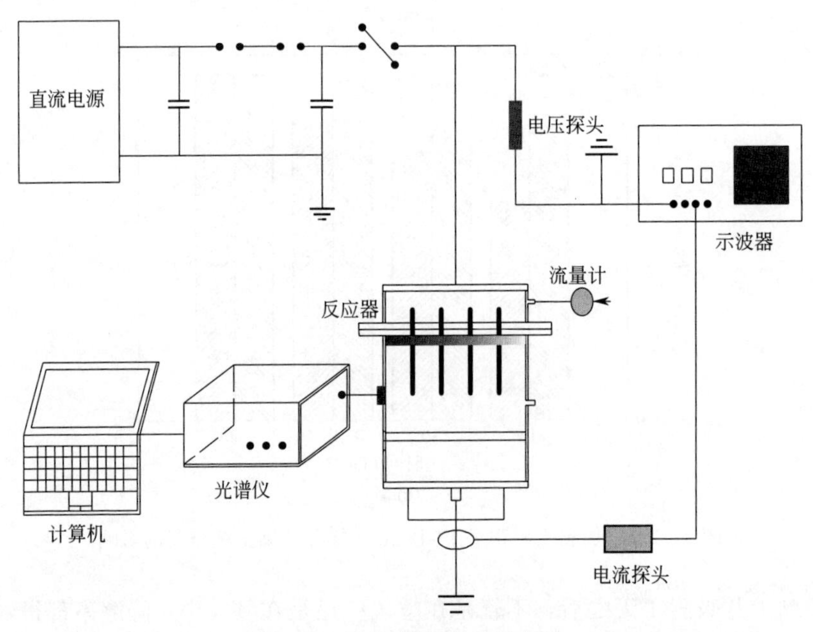


图 4-42 光谱检测系统示意图

本书需要用到的主要试验装置包括光谱仪（Avantes Avaspec-2048L，荷兰爱万提斯有限公司）和一台笔记本电脑。

本书所研究的·OH 和·O 的相对发射光谱强度是在载氧环境下进行的，即载入 PDP 修复污染土壤体系中的气体为氧气（$O_2$）。研究中，·OH 的特征发射光谱信号采集波长范围是 300～350nm；·O 的特征发射光谱信号采集波长范围是 760～810nm，光谱信号采集的积分时间均设置为 500ms。在 PDP 修复污染土壤体系中，·OH 在 313nm 附近产生的特征发射光谱强度最高，对应的跃迁为 $A^2\Sigma^+$

($\nu' = 1$) $\longrightarrow X^2\Pi$ ($\nu'' = 1$)，·O 在 777nm 附近产生的特征发射光谱强度最高，对应的跃迁为 $3p^5P \longrightarrow 3s^5S$。相应的发射光谱谱线分别如图 4-43 和图 4-44 所示。为了明确看出体系中·OH 和·O 发射光谱强度的变化规律，将·OH 的检测波长设置在 313nm 处、·O 设置在 777nm 处，并将检测到的光谱强度用来考察不同参数条件下体系中·OH 和·O 相对含量的变化情况。试验过程中，将脉冲峰值电压控制在 18kV，脉冲频率 50Hz，电极间距 10mm，并选择 PNP 为待修复污染土壤中的有机物，$Cu^{2+}$ 为目标重金属离子污染物。配制其在土壤中的初始含量为 100mg/kg，载入 PDP 体系中的 $O_2$ 的体积流量为 1L/min。

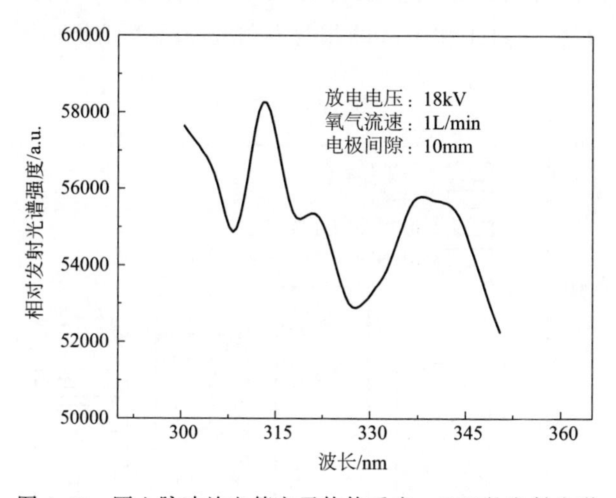


图 4-43　原土脉冲放电等离子体体系中·OH 的发射光谱

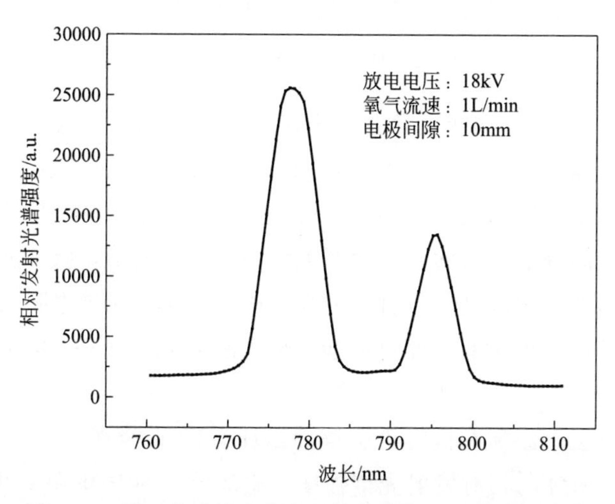


图 4-44　原土脉冲放电等离子体体系中·O 的发射光谱

## 4.8.2 载氧环境下脉冲放电等离子体修复污染土壤体系中自由基的发射光谱

### 4.8.2.1 不同反应体系中·OH和·O的发射光谱

研究首先考察了不同PDP反应体系中·OH和·O相对发射光谱强度的变化，考察条件分别为：不添加土壤、添加未含有污染物的原土、添加有机物污染土壤和添加有机-重金属复合污染土壤。试验中控制体系条件为：脉冲峰值电压18kV，脉冲频率50Hz，电极间距10mm，$O_2$体积流量1L/min，添加的目标土壤质量6.5g，有机污染土壤与复合污染土壤中目标污染物初始含量均为100mg/kg。研究所得的·OH和·O的相对发射光谱强度结果如图4-45和图4-46所示。

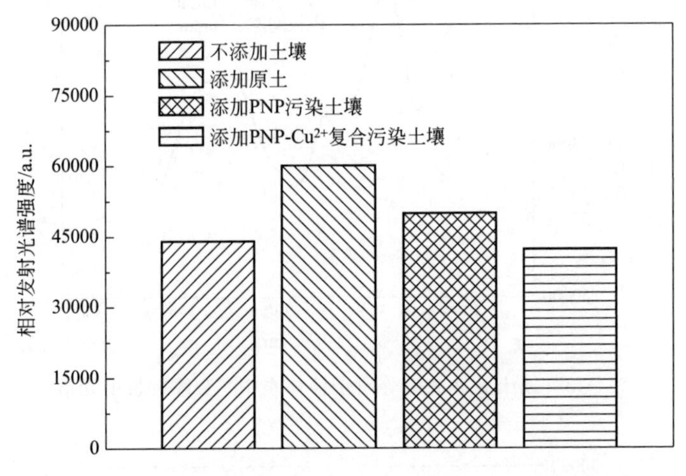


图4-45 不同反应体系中·OH的相对发射光谱强度

由图4-45和图4-46可见，添加了未污染原土的PDP体系中·OH和·O的相对发射光谱强度均高于没有添加土壤的PDP体系中相应自由基的发射光谱强度。产生这一结果的原因是体系中有土壤存在，使得体系中能量的输入加大以及相应比能量密度的降低。因此，土壤厚度将会从根本上影响脉冲放电体系对于污染物的降解。增加土壤厚度可以直接减少高压电极与接地极之间的间隔，使得放电更加剧烈从而产生更多的活性自由基，从而使·OH和·O相对发射光谱的强度增加。

比较添加原土、添加有机污染土壤和添加有机-重金属复合污染土壤的PDP体系中·OH和·O的相对发射光谱强度，添加原土的PDP体系中·OH和·O的相对发射光谱强度＞添加有机污染土壤的PDP体系中·OH和·O的相对发射光谱强度>添加有机-重金属复合污染土壤的 PDP 体系中·OH 和·O 的相对发射光谱强度。这一结果一方面说明了 PDP 体系中的·OH 和·O 对土壤中有机物（PNP）降解的关键作用；另一方面，添加有机-重金属复合污染土壤的 PDP 体系中·OH 和·O 的相对发射光谱强度最低，说明重金属离子（$Cu^{2+}$）的加入对于体系中有机物（PNP）的降解起到促进作用，即有更多的氧化性自由基被消耗，致使相应的 PDP 体系中·OH 和·O 的相对发射光谱强度较 PDP 修复有机污染土壤中的·OH 和·O 的发射光谱强度低。

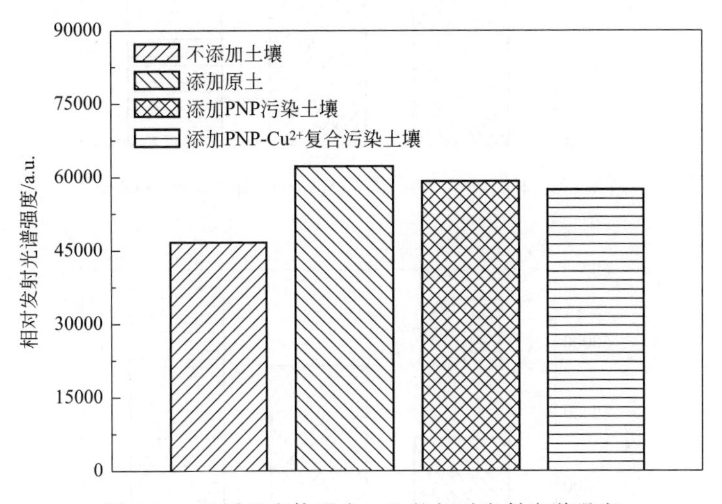


图 4-46　不同反应体系中·O 的相对发射光谱强度

### 4.8.2.2　不同峰值电压下·OH 和·O 的发射光谱分析

脉冲放电处理污染土壤时增加脉冲峰值电压将直接增加体系的输入能量影响污染物的去除效率。本书通过控制台将电压控制在不同的值（18kV、20kV 及 22kV），考察脉冲放电等离子体修复 PNP 污染土壤时，不同脉冲峰值电压下 PDP 体系中的·OH 在 313nm 和·O 在 777nm 下的相对发射光谱强度变化。其他试验条件均与前保持一致。·OH 和·O 的相对发射光谱强度结果分别列于图 4-47 和图 4-48 中。

由图 4-47 和图 4-48 可以看出，在 PDP 修复 PNP 污染土壤时，在脉冲峰值电压提高时体系中的·OH 和·O 的相对发射光谱强度也会显著增加，即·OH、·O 的生成量随着脉冲峰值电压的升高而增加。这是因为脉冲峰值电压的增加可以提高 PDP 反应体系中的能量注入，继而促使反应体系中有更多的活性离子及高能电子产生，而高能电子与气体分子碰撞可以产生更多的·OH 和·O。

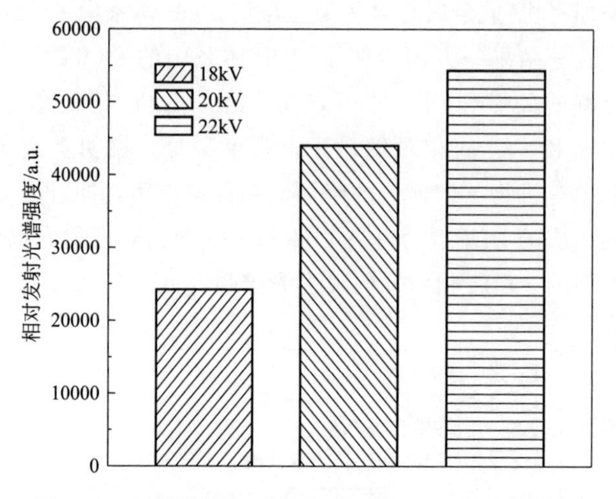


图 4-47 不同峰值电压下·OH 的相对发射光谱强度

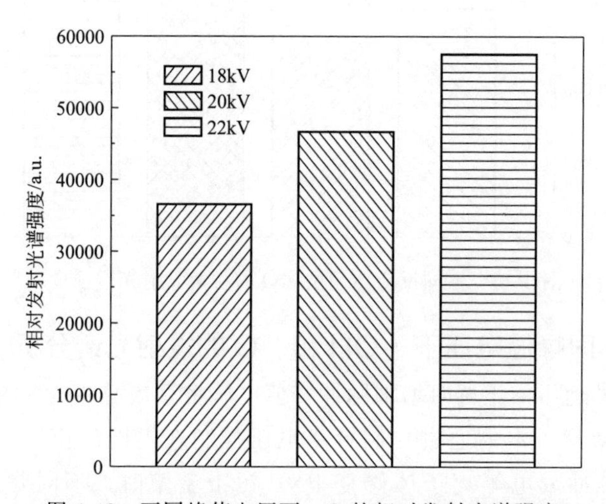


图 4-48 不同峰值电压下·O 的相对发射光谱强度

#### 4.8.2.3 不同电极间距下·OH 和·O 的发射光谱分析

电极间距是影响 PDP 反应体系放电状态的另一个关键因素。本书考察了 8mm 和 10mm 电极间距下 PDP 修复有机污染土壤中·OH 和·O 的相对发射光谱强度的变化。

从图 4-49 和图 4-50 的结果可以清晰地看出电极间距的变化会影响 PDP 体系中·OH 和·O 的相对发射光谱强度变化。当电极间距从 8mm 增加到 10mm 时，PDP 修复有机污染土壤中·OH 和·O 的相对发射光谱强度均略有降低。这一结果证明了在 PDP 修复有机污染土壤的体系中，电极间距同样是影响 PDP 作用效果的关键因

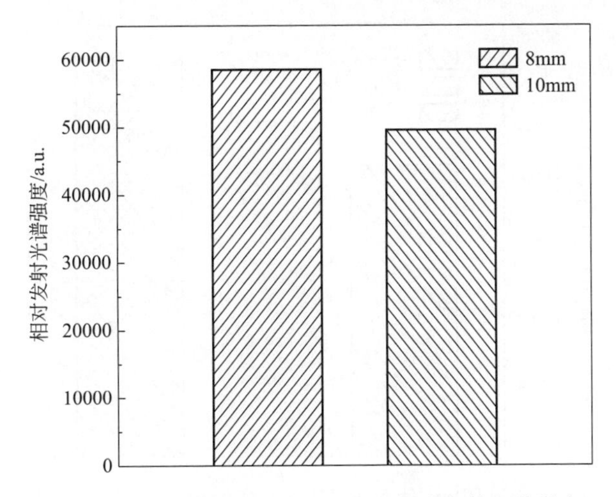


图 4-49　不同电极间距下·OH 的相对发射光谱强度

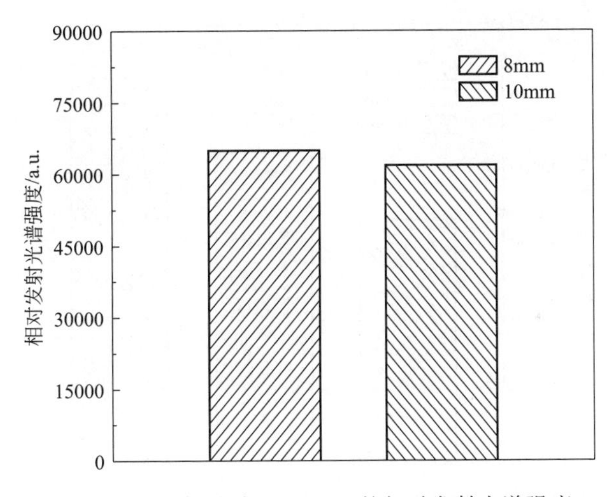


图 4-50　不同电极间距下·O 的相对发射光谱强度

素。这主要是因为：在较低的电极间距（8mm）条件下，脉冲放电电场作用较强烈，相应地可以生成较电极间距为 10mm 条件下更多的·OH、·H、·O、·H 和 $O_3$ 等氧化性物种，进而对反应体系中有机物有更强的氧化作用。

#### 4.8.2.4　不同 $O_2$ 体积流量下·OH 和·O 的发射光谱分析

脉冲放电过程中 $O_2$ 的通入将会影响·OH、·O、$H_2O_2$、$O_3$ 等高氧化活性物质的生成。为了说明 $O_2$ 体积流量对 PDP 修复有机污染土壤中·OH 和·O 生成量的影响，试验考察了在放电过程中，$O_2$ 体积流量分别为 1L/min、2L/min 和 3L/min 的条件下，PDP 修复有机污染土壤体系中·OH 和·O 的相对发射光谱强度的变化规律。试验其他条件均与前一致。试验结果如图 4-51 和图 4-52 所示。

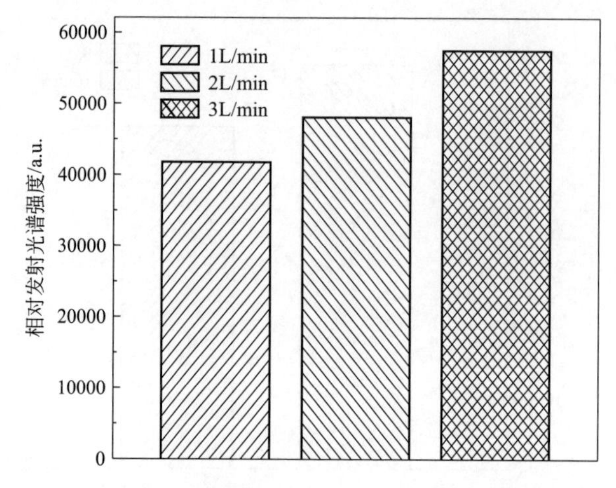


图 4-51　不同 $O_2$ 体积流量下・OH 的相对发射光谱强度

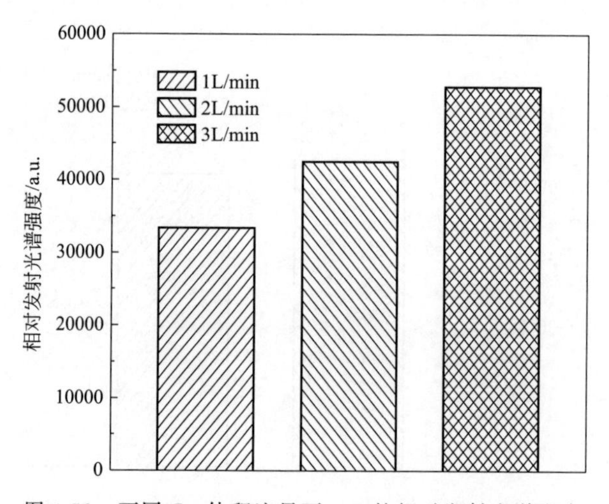


图 4-52　不同 $O_2$ 体积流量下・O 的相对发射光谱强度

由图 4-51 和图 4-52 可以得出：随着 $O_2$ 体积流量的增加，PDP 修复有机污染土壤中・OH 和・O 的相对发射光谱强度增加，即 PDP 修复有机污染土壤体系中・OH 和・O 的生成量随着 $O_2$ 体积流量的增加而增加。这是因为 $O_2$ 体积流量的增加会使 PDP 体系中产生的・OH 和・O 等氧化活性物质增加，且随着 $O_2$ 体积流量的增加，・OH 和・O 的生成量不断增加。然而，随着 $O_2$ 体积流量的进一步增大，PDP 反应体系内产生的活性物质在反应器内的停留时间会因此变短，即所生成的活性物质还未能与目标污染物充分反应就被吹出 PDP 体系，造成了能量利用率的降低。因此，在实际操作过程中，不可以通过无限制地提高 $O_2$ 体积流量来提高有机污染物的降解效率。

# 第5章 示范工程项目建设与运行

## 5.1 示范区污染状况分析

### 5.1.1 基本情况

随着经济发展与城市化的加速，工矿企业导致的场地污染变得十分严重。由于产业结构与城市布局的变化与调整，化工、冶金等污染企业纷纷搬迁，加上一些企业的倒闭，污染场地不断产生。没有处理的污染场地有必要妥善管理并加以修复，使其得到合理利用。

随着工农业的发展和人类活动的增强，越来越多的化学污染正以各种途径进入土壤系统。如化肥和农药的大量使用，石油以及其他的有毒有机物在开采、储存和运输过程中发生的泄漏等事故也在不断增加，造成土壤的有毒有机物点源污染，给国家和人民群众的生命财产以及生态环境都造成了极大危害。化学法以其对有毒有机污染物的高效性和反应时间短、操作简单等优势，得到越来越广泛的研究和应用。有机污染物的自然降解能力较差，如不进行人工清除，在自然环境中它们可能存留长达几十年之久，对土壤、地下水资源构成长期的威胁。

目前国内外相关研究主要集中于多环芳烃（PAHs）、多氯联苯（PCBs）、农药和石油烃等污染土壤的修复。此类有机污染土壤具有滞后性（积累性）、长期性、不可逆性、修复困难和后果严重等特点，以致一度被忽视。自20世纪末至2006年，经过十几年的发展和研究，有机污染土壤的修复已经基本形成包括生物修复、物理修复、化学修复及其联合修复的技术体系。

污染土壤修复技术是指通过物理、化学、生物和生态学等的方法和原理，并采用人工调控措施，使土壤污染物浓（活）度降低，实现污染物无害化和稳定化，以达到人们期望的解毒效果的技术和措施。对污染土壤实施修复，可阻断污染物进入食物链，防止对人体健康造成危害，对促进土地资源的保护和可持续发展具有重要意义。

本示范工程所在地块位于某市丹徒新区（图5-1），该区域前身为某消防材料企业，后由于地产开发，进行了搬迁。

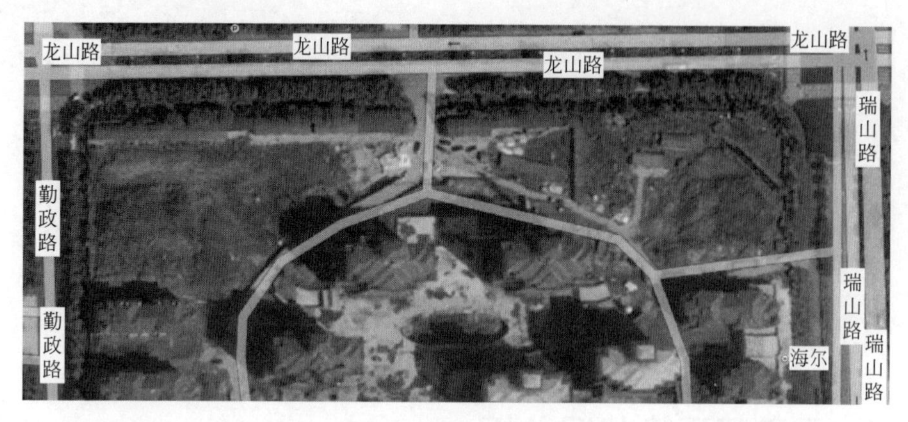


图 5-1 示范区区位图

### 5.1.2 布点

本次调查主要在该地块上进行网格布点 16 个。详见表 5-1。

表 5-1 布点记录表

| 序号 | 点位编号 | 样品类型 | 备注 |
|---|---|---|---|
| 1 | 12060601 | 土壤 | |
| 2 | 12060602 | 土壤 | |
| 3 | 12060603 | 土壤 | |
| 4 | 12060604 | 土壤 | |
| 5 | 12060605 | 土壤 | |
| 6 | 12060606 | 土壤 | |
| 7 | 12060607 | 土壤 | |
| 8 | 12060608 | 土壤 | |
| 9 | 12060609 | 土壤 | |
| 10 | 12060610 | 土壤 | |
| 11 | 12060611 | 土壤 | |
| 12 | 12060612 | 土壤 | |
| 13 | 12060613 | 土壤 | |
| 14 | 12060614 | 土壤 | |
| 15 | 12060615 | 土壤 | |
| 16 | 12060616 | 土壤 | |

### 5.1.3 采样

采集 0～20cm 表层土壤。每个采样点在 50m×50m 内 5 点取样，等量均匀(四分法)，混合后为一个样品，采样量为 5kg。

### 5.1.4 监测项目

土壤理化性质：土壤 pH。

无机项目：镉、汞、砷、铅、铬、铜、锌、镍、硒、钒、锰、氟、铍、钼、钴。

有机项目：六氯苯总量、多溴联苯醚总量、多氯联苯类（总量）。

**表 5-2　该地块土壤调查分析项目监测结果统计表**

| 监测点位 | pH | Hg/(mg/kg) | Cd/(mg/kg) | As/(mg/kg) | Se/(mg/kg) | Cu/(mg/kg) | Zn/(mg/kg) | Pb/(mg/kg) | Ni/(mg/kg) | Mn/(mg/kg) | V/(mg/kg) | Co/(mg/kg) | Cr/(mg/kg) | F/(mg/kg) | Be/(mg/kg) | Mo/(mg/kg) | 六氯苯/(μg/kg) | 多溴联苯醚/(μg/kg) | PCB/(μg/kg) |
|---|---|---|---|---|---|---|---|---|---|---|---|---|---|---|---|---|---|---|---|
| 1 | 7.73 | 1.68 | 1.24 | 16.87 | 1.541 | 29.25 | 178.10 | 41.68 | 30.98 | 195 | 83.0 | 13.66 | 38.0 | 680 | 0.41 | 3.00 | 0.025 | 117.86 | ND |
| 2 | 7.85 | 4.07 | 1.64 | 15.81 | 6.775 | 20.19 | 201.30 | 46.17 | 26.98 | 214 | 47.4 | 13.83 | 23.5 | 518 | 0.44 | 10.00 | 6.38 | 883.35 | ND |
| 3 | 7.70 | 6.78 | 1.10 | 12.54 | 4.098 | 30.86 | 126.30 | 46.27 | 28.29 | 215 | 98.9 | 13.75 | 50.0 | 690 | 2.08 | 3.50 | 2.69 | 724.33 | ND |
| 4 | 7.79 | ND | 0.84 | 11.49 | 2.004 | 29.93 | 113.10 | 43.21 | 30.96 | 369 | 102.6 | 16.75 | 53.6 | 695 | 1.48 | 2.50 | 0.025 | 0.1 | ND |
| 5 | 7.80 | 6.80 | 0.86 | 8.61 | 4.029 | 27.88 | 115.80 | 38.32 | 29.94 | 281 | 108.4 | 16.06 | 61.4 | 631 | 3.12 | 2.00 | 163.11 | 126.9 | ND |
| 6 | 7.90 | 2.17 | 0.68 | 12.85 | 0.736 | 23.50 | 94.90 | 37.92 | 30.20 | 677 | 105.0 | 16.47 | 50.5 | 562 | 1.51 | 2.50 | 5.92 | 420.64 | ND |
| 7 | 7.77 | 3.54 | 0.68 | 8.01 | 2.082 | 21.31 | 91.00 | 33.24 | 26.69 | 496 | 89.3 | 13.21 | 47.9 | 459 | 2.93 | 2.00 | 3.28 | 27.92 | ND |
| 8 | 7.69 | 2.960 | 0.86 | 7.29 | 1.655 | 23.36 | 111.60 | 31.86 | 22.55 | 211 | 52.0 | 10.85 | 48.5 | 485 | 4.07 | ND | 6.43 | 343.18 | ND |
| 9 | 7.81 | 3.53 | 0.48 | 6.66 | 0.696 | 18.94 | 60.55 | 24.34 | 15.97 | 138 | 98.3 | 7.16 | 54.4 | 358 | 1.13 | 1.50 | 4.8 | 256.36 | ND |
| 10 | 7.68 | 3.94 | 0.76 | 6.49 | 1.215 | 29.34 | 121.30 | 38.36 | 20.77 | 287 | 63.5 | 10.83 | 29.0 | 425 | 1.50 | 3.00 | 7.35 | 23.08 | ND |
| 11 | 7.91 | 2.28 | 0.43 | 5.94 | 0.535 | 14.31 | 55.90 | 18.34 | 11.28 | 107 | 76.4 | 5.63 | 44.4 | 320 | 1.11 | 1.00 | 15.41 | 85.34 | ND |
| 12 | 7.83 | 2.77 | 0.67 | 4.49 | 0.935 | 20.35 | 80.90 | 22.63 | 20.73 | 270 | 92.1 | 10.06 | 41.6 | 415 | 1.72 | 1.00 | 7.97 | 192.61 | ND |
| 13 | 6.81 | 3.14 | 0.47 | 4.15 | 0.715 | 20.20 | 88.20 | 20.87 | 13.48 | 139 | 73.6 | 6.60 | 37.0 | 346 | 1.10 | 0.50 | 1.84 | 292.32 | ND |
| 14 | 7.56 | 0.062 | 0.19 | 12.53 | 0.756 | 27.54 | 89.00 | 18.07 | 22.38 | 787 | 101.1 | 14.39 | 44.0 | 493 | 1.10 | 3.00 | 4.4 | 127.24 | ND |
| 15 | 7.71 | 2.12 | 0.41 | 4.27 | 1.011 | 19.60 | 72.57 | 22.23 | 25.61 | 150 | 87.1 | 11.80 | 53.5 | 468 | 2.06 | 1.00 | 3.78 | 13.34 | ND |
| 16 | 7.74 | 1.95 | 0.44 | 8.08 | 0.730 | 25.29 | 77.56 | 27.19 | 29.48 | 328 | 69.4 | 14.23 | 41.0 | 521 | 3.20 | 2.00 | 4 | 138 | ND |

注：ND 是指未检出。

**表 5-3　该地块土壤调查结果分析统计表**

| 用地类型 | 统计指标 | pH | Hg/(mg/kg) | Cd/(mg/kg) | As/(mg/kg) | Se/(mg/kg) | Cu/(mg/kg) | Zn/(mg/kg) | Pb/(mg/kg) | Ni/(mg/kg) | Mn/(mg/kg) | V/(mg/kg) | Co/(mg/kg) | Cr/(mg/kg) | F/(mg/kg) | 六氯苯/(mg/kg) | 多溴联苯醚/(mg/kg) |
|---|---|---|---|---|---|---|---|---|---|---|---|---|---|---|---|---|---|
| 土地(样本数 16 个) | 最小值 | 6.81 | 0 | 0.19 | 4.146 | 0.535 | 14.31 | 55.9 | 18.07 | 11.28 | 107.48 | 47.4 | 5.63 | 23.5 | 320 | 0.000025 | 0.0001 |
| | 中位值 | | 2.87 | 0.68 | 8.05 | 1.11 | 23.4 | 93 | 32.6 | 26.2 | 242 | 88.2 | 13.4 | 46.2 | 489 | | 0.133 |
| | 最大值 | 7.91 | 6.8 | 1.64 | 16.866 | 6.7745 | 30.86 | 201.3 | 46.27 | 30.98 | 786.5 | 108.4 | 16.75 | 61.4 | 694.9 | 0.16311 | 0.88335 |
| | 算术均值 | 7.70 | 2.99 | 0.73 | 9.13 | 1.84 | 23.9 | 105 | 31.9 | 24.1 | 304 | 84.3 | 12.2 | 44.9 | 504 | 0.0148 | 0.236 |
| | 算术标准差 | | 1.895 | 0.363 | 4.051 | 1.718 | 4.874 | 39.3 | 10.03 | 6.327 | 194.7 | 18.92 | 3.458 | 9.796 | 121.1 | | 254.6 |
| | 几何均值 | | 2.4 | 0.65 | 8.31 | 1.37 | 23.4 | 98.9 | 30.4 | 23.2 | 259 | 82 | 11.7 | 43.7 | 490 | | 0.0919 |
| | 几何标准差 | | 3 | 1.7 | 1.6 | 2.1 | 1.2 | 1.4 | 1.4 | 1.4 | 1.8 | 1.3 | 1.4 | 1.3 | 1.3 | | 8.7 |

### 5.1.5 监测结果统计表

该地块土壤调查分析项目监测结果统计表见表 5-2。该地块土壤调查结果分析统计表见表 5-3。

### 5.1.6 土壤环境质量评价标准

（1）无机类项目和有机类项目的评价标准值　见表 5-4 和表 5-5。

表 5-4　土壤环境质量评价标准值（无机类项目）

| 序号 | 评价项目 | 标准值/(mg/kg) | | | | 参考值来源 |
|---|---|---|---|---|---|---|
| | | 耕地、草地、未利用地 | | | 林地 | |
| | | pH＜6.5 | pH 6.5～7.5 | pH＞7.5 | | |
| 1 | 镉 | 0.30 | 0.30 | 0.60 | 1.0 | |
| 2 | 汞 | 0.30 | 0.50 | 1.0 | 1.5 | |
| 3 | 砷<br>旱地<br>水田 | <br>40<br>30 | <br>30<br>25 | <br>25<br>20 | 40 | |
| 4 | 铅 | 80 | 80 | 80 | 100 | |
| 5 | 铬<br>旱地<br>水田 | <br>150<br>250 | <br>200<br>300 | <br>250<br>350 | 400 | |
| 6 | 铜 | 50 | 100 | 100 | 400 | |
| 7 | 锌 | 200 | 250 | 300 | 500 | |
| 8 | 镍 | 40 | 50 | 60 | 200 | |
| 9 | 锰① | 1500 | | | | 澳大利亚保护土壤及地下水调研值 |
| 10 | 钴① | 40 | | | | 加拿大土壤环境质量标准农用地标准值 |
| 11 | 硒① | 1.0 | | | | 加拿大土壤环境质量标准农用地标准值 |
| 12 | 钒① | 130 | | | | 加拿大土壤环境质量标准农用地标准值 |

①表中所列为评价参考值。

表 5-5　土壤环境质量评价标准值（有机类项目）

| 评价项目 | | 标准值/(mg/kg) | 参考值来源 |
|---|---|---|---|
| 有机氯 | 六氯苯总量 | 0.50 | |
| | 多溴联苯醚总量 | 0.10 | |
| 多氯联苯类(总量)① | | 0.10 | 《土壤环境质量标准》(GB 15618—2008)居住用地标准值 |

①表中所列为评价参考值。

注：1. 耕地、林地、草地和未利用地均适用本表所列评价标准。

2. 六氯苯总量：异构体总和。

3. 多溴联苯醚总量：二溴联苯醚、四溴联苯醚、六溴联苯醚、十溴联苯醚四种衍生物总和。

（2）评价方法与分级　土壤环境质量评价采用单项污染指数法，其计算公式为：

$$P_{ip}=\frac{C_i}{S_{ip}} \tag{5-1}$$

式中　$P_{ip}$——土壤中污染物 $i$ 的单项污染指数；

$C_i$——调查点位土壤中污染物 $i$ 的实测浓度，mg/kg；

$S_{ip}$——污染物 $i$ 的评价标准值或参考值，mg/kg。

根据 $P_{ip}$ 的大小，可将土壤污染程度划分为五级，如表 5-6 所示。

**表 5-6　土壤污染程度分级**

| 等级 | $P_{ip}$ 值大小 | 污染评价 |
|---|---|---|
| Ⅰ | $P_{ip} \leqslant 1$ | 无污染 |
| Ⅱ | $1 < P_{ip} \leqslant 2$ | 轻微污染 |
| Ⅲ | $2 < P_{ip} \leqslant 3$ | 轻度污染 |
| Ⅳ | $3 < P_{ip} \leqslant 5$ | 中度污染 |
| Ⅴ | $P_{ip} > 5$ | 重度污染 |

（3）土壤污染风险评估标准　重点区域土壤污染健康风险和生态风险评估参考值见表 5-7。

**表 5-7　重点区域土壤污染健康风险和生态风险评估参考值**

| 序号 | 评估项目 | 健康风险评估参考值/(mg/kg) | 生态风险评估参考值/(mg/kg) |
|---|---|---|---|
| 1 | 镉 | 1.0 | 0.4 |
| 2 | 汞 | 7.0 | 0.3 |
| 3 | 砷 | 20 | 18 |
| 4 | 铅 | 140 | 56 |
| 5 | 铬 | 200 | 100 |
| 6 | 铜 | 190 | 100 |
| 7 | 锌 | 200 | 160 |
| 8 | 镍 | 210 | 130 |
| 9 | 锰 | 1500 | 4000 |
| 10 | 多氯联苯类总量 | 1.3 | 1.0 |
| 11 | 多溴联苯醚总量 | 0.7 | 0.1 |
| 12 | 六氯苯总量 | 1.0 | 0.5 |

## 5.1.7　监测结果分析与评价

（1）监测结果分析　从监测结果来看，该区域的土壤 93.75% 为弱碱性土壤，pH 为 7.70(6.81～7.91)，Hg 为 2.99(0.00～6.80)mg/kg，Cd 为 0.73(0.19～1.64)mg/kg，As 为 9.13(4.146～16.866)mg/kg，Se 为 1.84(0.535～6.7745)mg/kg，Cu 为 23.9(14.31～30.86)mg/kg，Zn 为 105(55.9～201.3)mg/kg，Pb 为 31.9(18.07～46.27)mg/kg，Ni 为 24.1(11.28～30.98)mg/kg，Mn 为 304(107.48～786.5)mg/kg，V 为 84.3(47.4～108.4)mg/kg，Co 为 12.2(5.63～

16.75)mg/kg,Cr 为 44.9(23.5～61.4)mg/kg,F 为 504(320～694.9)mg/kg,六氯苯总量为 0.0148(0.000025～0.16311)mg/kg,多溴联苯醚总量为 0.236(0.0001～0.8834)mg/kg，多氯联苯类（总量）未检出。

（2）监测结果评价　用土壤环境质量标准评价分析结果：无机污染物中超标的有汞、镉、硒共 3 项，超标率分别为 87.5%、68.75%、56.25%，最大超标倍数分别为 5.8 倍、1.73 倍、5.78 倍。其中汞和硒分别有 18.75%和 6.25%的重度污染，还分别有 25%和 12.5%的中度污染，汞、镉、硒分别有 31.25%、12.5%、12.5%的轻度污染，其余为轻微污染。有机污染物中超标的有多溴联苯醚总量、六氯苯总量，超标率分别为 68.75%、6.25%，最大超标倍数分别为 7.83 倍、0.63 倍。其中多溴联苯醚总量有 12.5%的重度污染，12.5%的中度污染，12.5%的轻度污染，其余为轻微污染。详见表 5-8。

**表 5-8　该地块土壤环境质量评价结果表**

| 监测项目 | 无污染 | | 轻微污染 | | 轻度污染 | | 中度污染 | | 重度污染 | | 超标率/% | 最大超标倍数/倍 |
|---|---|---|---|---|---|---|---|---|---|---|---|---|
| | 个数 | 百分率/% | 个数 | 百分率/% | 个数 | 百分率/% | 个数 | 百分率/% | 个数 | 百分率/% | | |
| Hg | 2 | 12.5 | 2 | 12.5 | 5 | 31.25 | 4 | 25 | 3 | 18.75 | 87.5 | 5.8 |
| Cd | 5 | 31.25 | 9 | 56.25 | 2 | 12.5 | | | | | 68.75 | 1.73 |
| Se | 7 | 43.75 | 4 | 25 | 2 | 12.5 | 2 | 12.5 | 1 | 6.25 | 56.25 | 5.78 |
| 六氯苯 | 15 | 93.75 | 1 | 6.25 | | | | | | | 6.25 | 0.63 |
| 多溴联苯醚 | 5 | 31.25 | 5 | 31.25 | 2 | 12.5 | 2 | 12.5 | 2 | 12.5 | 68.75 | 7.83 |

注：Cu、Zn、Pb、As、Mn、Ni、Co、Cr、V、PCB 均未超标。

用土壤污染风险评估标准评价分析结果：无机项目中仅有锌的测值超过健康风险参考值的 0.65%，有机项目中有两个多溴联苯醚总量的测量值分别超过健康风险参考值的 26.2%、3.43%。但是汞和镉的测量值都远远超过生态风险评估参考值，超标率分别为 87.5%、93.75%，最大超标倍数分别为 21.67 倍、3.1 倍。其中汞有 81.25%的高风险，汞、镉分别有 6.25%、12.5%的中等风险，其余为低风险。详见表 5-9。

**表 5-9　该地块土壤生态风险评估结果表**

| 监测项目 | 无风险 | | 低风险 | | 中等风险 | | 高风险 | | 超标率/% | 最大超标倍数/倍 |
|---|---|---|---|---|---|---|---|---|---|---|
| | 个数 | 百分率/% | 个数 | 百分率/% | 个数 | 百分率/% | 个数 | 百分率/% | | |
| Hg | 2 | 12.5 | | | 1 | 6.25 | 13 | 81.25 | 87.5 | 21.67 |
| Cd | 1 | 6.25 | 13 | 81.25 | 2 | 12.5 | | | 93.75 | 3.1 |

# 5.2 示范工程设计

## 5.2.1 工艺流程

考虑到污染土样的整个区域都可以作为设备场地，土样用挖掘机挖掘，经分选设备除去较重的石块、树枝，较轻的纸屑、塑料袋等物。经分选后的土样经破碎成较小物粒，继续筛分得更小的物料，经过研磨得极细小的颗粒加入电磁助修复装置中修复，修复完毕经干化后回填。工艺流程图如图 5-2 所示。

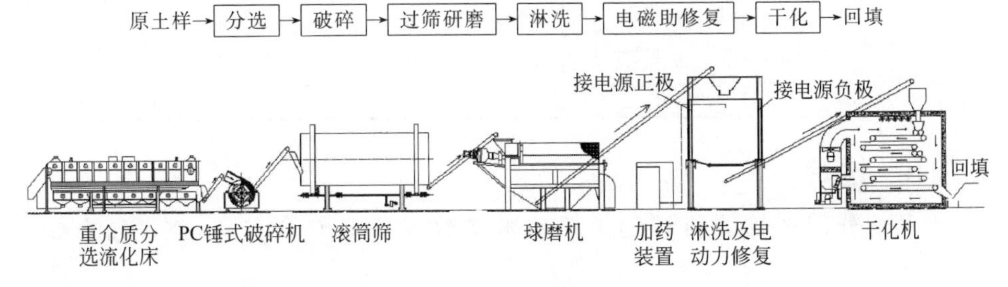


图 5-2　工艺流程图

土壤修复工艺系统设备组成包括：进料、输料系统（皮带输送机、螺旋进料器）；粒度分级系统（直线振动筛、水力旋流器、缓冲池）；洗涤系统（淋洗反应器）；土、水分离系统（斜板浓缩池、板框式压滤机）；辅助设备（渣浆泵、清水泵、加药装置）。

## 5.2.2 工程量计算

根据实际检测结果，该地块需要处理污染土壤共 312$m^3$。

## 5.2.3 分选设备的选择

空气重介质流化床干法分选机主要由空气室、布风板、刮板输送装置等部分组成。物料在分选机中的分选过程是：经筛分后的 13～100mm 粒级物料（原煤）与重介质同时加入分选机中。具有一定速度的有压气体输入底部空气室，经布风板后均匀作用于重介质，形成具有一定密度的均匀稳定的气-固流化悬浮体。根据阿基米德定律，轻重物料在悬浮体中按密度分层，轻物上浮、重物下沉。分层的物料分别由刮板输送装置从床体中逆向排出，经脱介后即可获得合格的轻重产品。分选设备型号及规格列于表 5-10 中。

**表 5-10　分选设备型号及规格**

| 型号 | 入料粒度/mm | 入料外在水分/% | 处理能力/(t/h) | 分选精度 $E_p$ | 数量效率/% | 系统总功率/kW | 系统外形尺寸(长×宽×高)/(m×m×m) |
|---|---|---|---|---|---|---|---|
| KZX-40 | 13～100 | <5 | 6 | 0.05～0.07 | >95 | 250 | 4×2.1×1.1 |

系统采用地面单层布置，组合装配式结构，占地面积小，土建工程少费用低；主机采用双级除尘，各个除尘点设置吸尘装置集中除尘，环境污染小。

## 5.2.4 粉碎

选择PC锤式破碎机。PC锤式破碎机适用于破碎各种脆性材料，其物料的抗压强度不超过100MPa，湿度不大于20%，适用本土样。参照技术参数表选择PC-44型锤式破碎机。相应型号和规格列于表5-11中。

**表5-11 PC锤式破碎机型号及规格**

| 型号 | 转子工作直径/长度/(mm/mm) | 转子转速/(r/min) | 进料口尺寸/mm | 最大进料尺寸/mm | 出料粒度/mm | 处理能力/(t/h) | 电动机功率/kW | 质量/t | 外形尺寸(长×宽×高)/(m×m×m) |
|---|---|---|---|---|---|---|---|---|---|
| PC-44 | $\phi$400/400 | 1500 | 145×450 | 100 | 10 | 5～8 | 7.5 | 0.9 | 7.44×9.42×8.78 |

## 5.2.5 过筛

对照部分国产筛分机械的主要技术参数表选择GS1.6×60X，如表5-12所示。

**表5-12 GS1.6×60X技术参数**

| 项目 | 型号 |
|---|---|
| | GS1.6×60X |
| 类型 | 滚筒筛 |
| 处理能力/(t/h) | ≥12.5 |
| 进料尺寸/mm | <50 |
| 出料尺寸/mm | <10 |
| 物料含水率/% | <30 |
| 筛分率/% | ≥80 |
| 尺寸规格(长×宽×高)/(m×m×m) | 3×2×1.5 |

## 5.2.6 研磨

预备研磨之后的粒度为200目，选择球磨机研磨。球磨机是物料被破碎之后，再进行粉碎的关键设备。球磨机技术参数如表5-13所示。

**表5-13 球磨机技术参数**

| 尺寸(长×宽×高)/(m×m×m) | 筒体转速/(r/min) | 装球量/t | 给料粒度/mm | 出料粒度/mm | 产量/(t/h) | 电机功率/kW | 机重/t |
|---|---|---|---|---|---|---|---|
| 3.3×1.2×1.5 | 32 | 5 | ≤25 | 0.074～0.4 | 1.6～5 | 45 | 12.8 |

## 5.2.7 电磁助修复装置

电磁助修复过程能有效地促进土壤中多溴联苯醚、六氯苯的迁移，其迁移效果与电迁移时间、pH、电解质、表面活性剂环糊精等因素有关。

(1) 电压的选择　电压升高时，通过土壤的电流增加，电渗流作用增强，电迁移速率增大，有利于多溴联苯醚、六氯苯向电极方向迁移，当电压增加到0.15V/cm时，电迁移效果最好。电压太高，由于电极两极电解产生的气泡增多，浓差极化现象加剧，焦耳热的作用使土壤含水率下降，反而不利于电迁移的进行。

(2) 反应时间的选择　反应时间的增加，迁移效果增强，当反应6h后处理效果达到最佳。

(3) 磁场强度　设定磁场强度为200mT。

(4) 初始的pH选择　初始pH在酸性条件下可以促进土壤中金属离子的溶解，电流增强，电迁移效果较好。偏碱性条件下，由于沉淀物的生成，不利于电磁助修复的进行。

(5) NaCl的投加量　NaCl能增加土壤中的离子浓度，使电流增大，电渗流速增加，从而加强了电迁移的效果。NaCl的投加量为每克土壤0.006g时，处理效果最好。

(6) 含水量的选择　合适的含水率有助于电迁移的进行，本方案中最佳含水率为80%。

(7) 环糊精（表面活性剂）的投加量　环糊精的增溶作用使孔隙水中的多溴联苯醚、六氯苯浓度增高，在电渗流的作用下将污染物向极区富集。在本试验中，环糊精的投加量为每克土壤0.006g时，处理效果最好。

### 5.2.8 干化

因为本处理方案中电磁助装置6h内处理8t土样，每天工作12h，则要处理16t土样。选择4台机组并列运行。将污泥干化成颗粒肥料，采用热泵除湿干燥装置，与其他供热方式的干化装置比较，其优缺点如表5-14所示。

**表5-14　对比表**

| 不同热源干燥 | 能耗成本比例 | 操作简易性 | 环境污染 | 干燥质量控制 |
|---|---|---|---|---|
| 热泵 | 1 | 易 | 无 | 好 |
| 煤 | 0.61 | 较复杂 | 较重 | 不易稳定 |
| 煤气 | 2.17 | 一般 | 较轻 | 较好 |
| 燃油 | 2.27 | 一般 | 较轻 | 较好 |

因此，随着环保要求提高，特别是人口密度较高的城市里，采用热泵来干化污泥具有独特的优势。

### 5.2.9 回填

将处理完的土样用工程车拉回预定地点填埋。

## 5.3 运行效果分析

### 5.3.1 洗涤电磁助修复去除污染物效率

污染土壤进入洗涤池经表面活性剂洗脱去除 PBDEs，洗涤后的泥浆输送至斜管浓缩池浓缩，浓缩的泥浆最后打入板框压滤机进行土水分离，最后得到洗涤后的压滤泥饼。为了测试污染土壤洗涤 PBDEs 的去除效果，对压滤泥饼进行取样测试分析，土壤洗涤 PBDEs 去除率如表 5-15 所示。

**表 5-15　土壤洗涤 PBDEs 去除率**

| 进料土 PBDEs 浓度/(μg/kg) | 187.04 |
|---|---|
| 泥饼 PBDEs 浓度/(μg/kg) | 57.875 |
| 去除率/% | 69.06 |

泥饼中有机污染物的含量总计为 57.875mg/kg，仅占原土约 31.94%，去除率达到了 69.06%。就修复去除率来讲，处理的结果同之前的实验室试验结果差异不大，实验室结果中对于高环的多溴联苯醚的去除率在 40%～45%。这是由于 PBDEs 属于憎水性有机物，强烈地吸附在土壤颗粒上，表面活性剂对 PBDEs 的去除能力与 PBDEs 自身性质密切相关。2～4 环 PBDEs 由于憎水性较弱，亦有少量的洗出量，而 5～6 个溴的 PBDEs 由于其较强的憎水性，相对较难洗出。

### 5.3.2 电磁助修复去除污染物效率

污染土壤经洗涤有效去除 PBDEs，洗涤后的泥浆输送至电磁助修复罐。为了测试污染土壤电磁助修复 PBDEs 的去除效果，对压滤泥饼进行取样测试分析，土壤电磁助修复 PBDEs 去除率如表 5-16 所示。

**表 5-16　土壤电磁助修复 PBDEs 去除率**

| 进料土 PBDEs 浓度/(μg/kg) | 57.84 |
|---|---|
| 泥饼 PBDEs 浓度/(μg/kg) | 7.35 |
| 去除率/% | 82.29 |

### 5.3.3 总体修复效果分析

经过示范工艺处理，土壤洗涤总的 PBDEs 去除率如表 5-17 所示。

**表 5-17　修复工艺对 PBDEs 总体去除率**

| 进料土 PBDEs 浓度/(μg/kg) | 187.04 |
| --- | --- |
| 泥饼 PBDEs 浓度/(μg/kg) | 7.35 |
| 去除率/% | 96.1 |

# 5.4　投资分析

## 5.4.1　工程投资

设备价格列于表 5-18 中。

**表 5-18　设备价格一览表**

| 设备 | 价格/万元 |
| --- | --- |
| 重介质分选流化床 | 16.60 |
| PC 锤式破碎机 | 12.40 |
| 滚筒筛 | 11.60 |
| 球磨机 | 10.88 |
| 电动力装置(共 3 台含配电柜和加药装置) | 33.50 |
| 热泵干燥(共 4 台) | 23.60 |
| 合计 | 108.58 |

设备投资总值为 108.58 万元。

## 5.4.2　运行成本

设备功率如表 5-19 所示。

**表 5-19　设备功率一览表**

| 设备 | 功率/kW | 每日的运行时间/t | 电费/(kW・h) |
| --- | --- | --- | --- |
| 重介质分选流化床 | 25.00 | 3 | 60 |
| PC 锤式破碎机 | 7.50 | 4 | 24 |
| 滚筒筛 | 0.75 | 2 | 1.2 |
| 球磨机 | 45.00 | 4 | 144 |
| 电动力装置(共 3 台) | 2.00 | 12 | 19.2 |
| 热泵干燥剂(共 4 台) | 20.00 | 12 | 192 |
| 传送带(5 个) | 5.00 | 0.5 | 2 |

注：每千瓦・时电为 0.8 元。

每天的电费总额为 442.4 元。每天需要工程车运土 2 次，每次 50 元，共 100 元。租用传送带每天共花费 100 元，人工费用每天 200 元。共计每天运行成本为 842.4 元，处理规模为 $10m^3/d$，则修复费用为 $84.24$ 元$/m^3$。

# 参考文献


[1] 张甘霖，赵玉国，杨金玲，等．城市土壤环境问题及其研究进展 [J]．土壤学报，2007，44 (5)：925-933.

[2] 梅祖明，袁平凡，殷婷，等．土壤污染修复技术探讨 [J]．上海地质，2010，(B11)：128-132.

[3] 邹超煜，白岗栓，李志熙，等．城市化对土壤环境的影响 [J]．中国水土保持，2016，11：76-80.

[4] 骆永明，滕应．中国土壤污染与修复科技研究进展和展望 [J]．土壤学报，2020，57 (5)：1-8.

[5] 李玉双，胡晓钧，宋雪英，等．城市工业污染场地土壤修复技术研究进展 [J]．安徽农业科学，2012，40 (10)：6119-6122.

[6] 张晶，陈冠群，魏俊峰，等．多环芳烃污染土壤修复技术研究进展 [J]．安徽农业科学，2016，44 (8)：70-72.

[7] 周际海，黄荣霞，樊后保，等．污染土壤修复技术研究进展 [J]．水土保持研究，2016，23 (3)：366-372.

[8] 易清风．环境电化学研究方法 [M]．北京：科学出版社，2006.

[9] 刘五星，骆永明，王殿玺．石油污染场地土壤修复技术及工程化应用 [J]．环境监测管理与技术，2011，23 (3)：47-51.

[10] 董璟琦．污染场地绿色可持续修复评估方法及案例研究 [D]．北京：中国地质大学，2019.

[11] 王铁成．场地有机物污染土壤的脉冲放电等离子体修复方法和机理研究 [D]．大连：大连理工大学，2013.

[12] 张兴，朱琨，李丽．污染土壤电动法修复技术研究进展及其前景 [J]．环境科学与管理，2008，33 (2)：64-68.

[13] 杨丽琴，陆泗进，王红旗．污染土壤的物理化学修复技术研究进展 [J]．环境保护科学，2008，34 (5)：42-45.

[14] 仓龙，周东美．场地环境污染的电动修复技术研究现状与趋势 [J]．环境监测管理与技术，2011，23 (3)：57-62.

[15] Van C L. Electrokinetics：Technology Overview Report [R]．Groundwater Remediation Technologies Analysis Centre，1997：1-17.

[16] 周启星，宋玉芳．污染土壤修复原理与方法 [M]．北京：科学出版社，2004.

[17] 龚万祺，孙荣，陈雅贤，等．应用电动力耦合活性炭 PRB 技术的铬（Ⅵ）污染土壤修复 [J]．华侨大学学报（自然科学版），2019，40 (3)：363-369.

[18] Wania F，Dugani C B. Assessing the long-range transport potential of polybrominated diphenyl ethers：A comparison of four multimedia models [J]．Environmental Toxicology and Chemistry，2003，22 (6)：1252-1261.

[19] 单慧媚，马腾，杜尧，等．多溴联苯醚在河套农灌区土壤和水体中的分布特征 [J]．环境科学与技术，2013，6：009.

[20] 刘庆龙，焦杏春，王晓春，等．贵屿电子废弃物拆解地及周边地区表层土壤中多溴联苯醚的分布趋势［J］．岩矿测试，2013，31（6）：1006-1014.

[21] 张娴，高亚杰，颜昌宙．多溴联苯醚在环境中迁移转化的研究进展［J］．生态环境学报，2009，18（2）：761-770.

[22] 杨永亮，潘静，李悦，等．青岛近岸沉积物中持久性有机污染物多氯萘和多溴联苯醚［J］．科学通报，2003，（21）：2244-2251.

[23] 孙鑫，陈颖，王云华，等．杭州市家庭室内空气中 PBDEs 的污染现状与特征［J］．环境科学学报，2013，33（2）：364-369.

[24] Harrad S，Hazrati S，Ibarra C. Concentrations of polychlorinated biphenyls in indoor air and polybrominated diphenyl ethers in indoor air and dust in Birmingham，United Kingdom：implications for human exposure［J］. Environmental science & technology，2006，40（15）：4633-4638.

[25] Booij K，Zegers B N，Boon J P. Levels of some polybrominated diphenyl ether（PBDE）flame retardants along the Dutch coast as derived from their accumulation in SPMDs and blue mussels（Mytilus edulis）［J］. Chemosphere，2002，46（5）：683-688.

[26] Luross J M，Alaee M，Sergeant D B，et al. Spatial distribution of polybrominated diphenyl ethers and polybrominated biphenyls in lake trout from the Laurentian Great Lakes［J］. Chemosphere，2002，46（5）：665-672.

[27] Peng X，Tang C，Yu Y，et al. Concentrations，transport，fate，and releases of polybrominated diphenyl ethers in sewage treatment plants in the Pearl River Delta，South China［J］. Environment International，2009，35（2）：303-309.

[28] Yun S H，Addink R，McCabe J M，et al. Polybrominated diphenyl ethers and polybrominated biphenyls in sediment and floodplain soils of the Saginaw River watershed，Michigan，USA［J］. Archives of Environmental Contamination and Toxicology，2008，55（1）：1-10.

[29] Moon H B，Kannan K，Lee S J，et al. Polybrominated diphenyl ethers（PBDEs）in sediment and bivalves from Korean coastal waters［J］. Chemosphere，2007，66（2）：243-251.

[30] Shin J H，Boo H O，Bang E，et al. Development of a cleanup method for polybrominated diphenyl ether（PBDE）in fish by freezing-lipid filtration［J］. Eur Food Res Technol，2012，235（2）：295-301.

[31] Haave M，Folven K I，Carroll T，et al. Cerebral gene expression and neuro behavioural development after perinatal exposure to an environmentally relevant polybrominated diphenyl ether（BDE-47）［J］. Cell Biol Toxicol，2011，27（5）：343-361.

[32] 李子扬，陈永亨．多溴联苯醚的环境行为及其生态毒理效应［J］．科学技术与工程，2011，11（1）：97-105.

[33] 段冬，吴德礼，马鲁铭．多溴联苯醚的处理技术研究进展［J］．四川环境，2010，29（1）：110-114.

[34] Besis A，Samara C. Polybrominated diphenyl ethers（PBDEs）in the indoor and outdoor environments-a review on occurrence and human exposure［J］. Environmental Pollution，2012，169：217-229.

[35] Shi T，Chen S J，Luo X J，et al. Occurrence of brominated flame retardants other than polybromi-

nated diphenyl ethers in environmental and biota samples from southern China [J]. Chemosphere, 2009, 74 (7): 910-916.

[36] Xianwei Liang, Shuzhen Zhu, Peng Chen, et al. Bioaccumulation and bioavailability of polybrominated diphynel ethers (PBDEs) in soil [J]. Environmental Pollution, 2010, 158 (7): 2387-2392.

[37] 傅海辉. 多溴联苯醚 (PBDEs) 污染土壤热脱附实验研究 [D]. 咸阳: 西北农林科技大学, 2012.

[38] 刘庆龙, 焦杏春, 王晓春, 等. 贵屿电子废弃物拆解地及周边地区表层土壤中多溴联苯醚的分布趋势 [J]. 岩矿测试, 2013, 31 (6): 1006-1014.

[39] 秦健, 陆光华, 朱正丽, 等. 多溴联苯醚的环境和人体分布及生态毒理学效应 [J]. 环境与健康杂志, 2009, (8): 740-743.

[40] Méndez E, Pérez M, Romero O, et al. Effects of electrode material on the efficiency of hydrocarbon removal by an electrokinetic remediation process [J]. Electrochimica Acta, 2012, 86: 148-156.

[41] Gao S, Hong J, Yu Z, et al. Polybrominated diphenyl ethers in surface soils from e-waste recycling areas and industrial areas in south China: Concentration levels, congener profile, and inventory [J]. Environmental Toxicology and Chemistry, 2011, 30 (12): 2688-2696.

[42] Huang H, Zhang S, Christie P, et al. Behavior of decabromodiphenyl ether (BDE-209) in the soil-plant system: Uptake, translocation, and metabolism in plants and dissipation in soil [J]. Environmental science & technology, 2009, 44 (2): 663-667.

[43] 吴春笃, 范翠萍, 解清杰. ·OH 溶液氧化降解土壤中多溴联苯醚的研究 [J]. 工业安全与环保, 2013, 39 (6): 52-55.

[44] 姬文晋, 黄慧民, 余超, 等. 磁处理对有机污水降解的影响 [J]. 环境科学与技术, 2010, 33 (2): 154-157.

[45] 范翠萍. 多溴联苯醚污染土壤的电动修复及·OH 溶液氧化降解 [D]. 镇江: 江苏大学, 2012.

[46] 解清杰, 姚一凡, 吴春笃, 等. 电动力学作用下多溴联苯醚在土壤中的迁移特性 [J]. 化工环保, 2013, 33 (3): 189-192.

[47] Acar Y B, Alshawabkeh A N. Principlesof electrokinetic remediation [J]. Environ Sci Technol, 1993, 27 (13): 2638-2647.

[48] 解清杰, 何佳, 黄卫红, 等. 沉积物中六氯苯在均匀电动力学作用下的迁移 [J]. 环境化学, 2006, 25 (5): 543-545.

[49] 栗杰, 依艳丽, 张大庚, 等. 磁场对土壤呼吸强度的影响 [J]. 土壤通报, 2005, 35 (6): 812-814.

[50] 解清杰. 六氯苯模拟废水的处理及其污染沉积物的修复研究 [D]. 武汉: 华中科技大学, 2005.

[51] Yang Z Z, Li Y F, Hou Y X, Liang H Y, et al. Vertical distribution of polybrominated diphenyl Ethers (PBDEs) in soil cores taken from a typical electronic waste polluted area in south China [J]. Bull Environ Contam Toxicol, 2010, 84: 260-263.

[52] 解清杰，姚一凡，吴春笃，等．电动力学作用下多溴联苯醚在土壤中的迁移特性［J］．化工环保，2013，33（3）：189-192.

[53] Sales P S，de Rossi R H，Fernández M A. Different behaviours in the solubilization of polycyclic aromatic hydrocarbons in water induced by mixed surfactant solutions［J］. Chemosphere，2011，84（11）：1700-1707.

[54] Honglin Huang，Shuzhen Zhang，Peter Christie. Plant uptake and dissipation of PBDEs in the soils of electronic waste recycling sites［J］. Environmental Pollution，2011，159：238-243.

[55] 韦兴浩．矿山环境中 PAHs 在双子表面活性剂溶液中的增溶效应研究［D］．湘潭：湖南科技大学，2012.

[56] 陈涛，王斯佳，马惠，等．表面活性剂对土壤中多氯联苯的洗脱研究［J］．环境科学与技术，2012，35（9）：11-16.

[57] 赵化侨．等离子体化学与工艺［M］．合肥：中国科学技术大学出版社，1993.

[58] Langmuir I. Oscillations in ionized gases［J］. Proceedings of the National Academy of Sciences of the United States of America，1928，14（8）：627.

[59] 赵文信．脉冲放电等离子体修复芘污染土壤研究［D］．镇江：江苏大学，2014.

[60] 张雪．针-板式放电等离子体修复 PNP 污染土壤的研究［D］．大连：大连理工大学，2012.

[61] Chang J S，Lawless P A，Yamamoto T. Corona discharge processes［J］. Plasma Science，IEEE Transactions on，1991，19（6）：1152-1166.

[62] 李楠．气相放电等离子体水处理反应器及有机物降解研究［D］．大连：大连理工大学，2007.

[63] Shi J，Bian W，Yin X. Organic contaminants removal by the technique of pulsed high-voltage discharge in water［J］. Journal of Hazardous Materials，2009，171（1-3）：924-931.

[64] Yamamoto T，Ramanathan K，Lawless P A. Control of volatile organic compounds by an AC energized ferroelectrics pellet reactor and a pulsed corona reactor［J］. IEEE Transactions on Industry Applications，1992，28（3）：528-534.

[65] 李胜利，汪晓熙，吴健婷，等．放电等离子体方法处理二甲苯废气的试验研究［J］．环境科学与技术，2006，29（2）：1-6.

[66] 翁棣，李红．脉冲电晕等离子体法降解 VOCs 的综合实验［J］．实验室研究与探索，2005，24（10）：17-22.

[67] 董冰岩，张大超．脉冲放电烟气脱硫脱硝技术研究进展［J］．环境污染治理技术与设备，2006，7（9）：17-20.

[68] 陈伟华，任先文，王保健，等．脉冲放电等离子体烟气脱硫脱硝工业试验研究［J］．环境污染治理技术与设备，2006，7（9）：21-26.

[69] Giorgio Dinelli，Luigi Civitano，Massimo Rea. Industrial experiments on pulse corona simultaneous removal of $NO_x$ and $SO_2$ from flue gas［J］. Transactions on Industry Applications，1990，26（3）：535-541.

[70] 马利，吕保和，蔡忆昔，等．脉冲放电等离子体净化汽车尾气中 $NO_x$ 的影响因素［J］．车用发动机，2005，1：35-40.

[71] 唐敏康，谢金亮．脉冲电晕放电等离子体净化柴油机尾气的应用研究［J］．低温与特气，

2007，25（1）：39-42.

[72] 张艳，孙亚兵，何东，等．高压脉冲放电等离子体对水中土霉素的降解［J］．环境工程学报，2014，8（10）：4280-4284.

[73] 王慧娟，李杰，全燮．高压脉冲放电等离子体处理酸性橙Ⅱ染料废水的试验研究［J］．北京理工大学学报，2005，25：222-225.

[74] 陈颖，孙亚兵，徐建华，等．高压脉冲放电等离子体处理含偶氮染料活性红 195 废水［J］．化工环保，2011，31（5）：414-417.

[75] Peurrung L M，Pukrrung A J. The in situ corona for treatment of organic contaminants in soils［J］. Journal of Physics D-Applied Physics，1997，130（3）：432-440.

[76] Redolfl M，Makhloufi C，Ognihr S，et al. Oxidation of kerosene components in a soil matrix by a dielectric barrier discharge reactor［J］. Process Safety and Environmental Protection，2010，88（3）：207-212.

[77] 鲁娜，张雪，李杰，等．针-板式介质阻挡放电降解土壤中对硝基苯酚研究［J］．环境科学与技术，2012，35（10）：50-57.

[78] 王慧娟，郭贺，赵文信，等．脉冲放电等离子体修复芘污染土壤的影响因素［J］．高电压技术，2015，41（10）：3512-3517.

[79] 李蕊，孙玉，牟睿文，等．介质阻挡放电等离子体技术处理菲污染土壤［J］．环境工程学报，2016，10（9）：5262-5268.

[80] 鲁如坤．土壤农业化学分析方法［M］．北京：中国农业科技出版社，1999.

[81] 耿聪．脉冲放电等离子体对土壤中不同类型污染物的去除研究［D］．镇江：江苏大学，2015.

[82] 王慧娟，李杰，储金宇．脉冲放电等离子体/$TiO_2$ 协同体系中氧自由基的光谱分析［J］．光谱学与光谱分析，2011，31（1）：58-61.

[83] Wang T C，Lu N，Li J，et al. Plasma-$TiO_2$ catalytic method for high-efficiency remediation of *p*-nitrophenol contaminated soil in pulsed discharge［J］. Environmental Science & Technology，2011，45（21）：9301-9307.

[84] Wang T C，Qu G，Li J，et al. Remediation of *p*-nitrophenol and pentachlorophenol mixtures contaminated soil using pulsed corona discharge plasma［J］. Separation and Purification Technology，2014，122：17-23.

[85] Wang T C，Qu G，Li J，et al. Kinetics studies on pentachlorophenol degradation in soil during pulsed discharge plasma process［J］. Journal of Electrostatics，2013，71（6）：994-998.

[86] Wang T C，Qu G，Li J，et al. Evaluation and optimization of multi-channel pulsed discharge plasma system for soil remediation［J］. Vacuum，2014，103：72-77.

[87] Wang T C，Qu G，Li J，et al. Depth dependence of *p*-nitrophenol removal in soil by pulsed discharge plasma［J］. Chemical Engineering Journal，2014，239：178-184.

[88] 吴少帅．低温等离子体降解水和土壤中几种典型有机污染物的研究［D］．杭州：浙江大学，2014.

[89] 娄静．典型工业污染土壤的介质阻挡放电等离子体修复技术研究［D］．大连：大连理工大学，2011.

[90] 吴春笃，赵文信，王慧娟，等．芘污染土壤的脉冲放电等离子体修复分析［J］．高电压技术，2015，41（1）：257-261.

[91] Cong Geng，Chundu Wu，Huijuan Wang，Chengwu Yi. Effect of chemical parameters on pyrene degradation in soil in a pulsed discharge plasma system［J］. Journal of Electrostatics，2015，73：38-42.

[92] 王慧娟，郭贺，赵文信，等．脉冲放电等离子体修复芘污染土壤的影响因素［J］．高电压技术，2015，41（10）：3512-3517.

[93] 吴春笃，赵文信，王慧娟，等．芘污染土壤的脉冲放电等离子体修复分析［J］．高电压技术，2015，41（1）：257-261.

[94] Huijuan Wang，Guangshun Zhou，He Guo，Zhaoyi Ge，Chengwu Yi. Organic compounds removal in soil in a seven-needle-to-net pulsed discharge plasma system［J］. Journal of Electrostatics，2016，80：69-75.